碳排放交易

理论与实践

廖振良————编著

U0324161

同济大学 出版社
TONGJI UNIVERSITY PRESS

内 容 提 要

　　碳排放交易作为一种基本的经济手段,成为当今国际社会应对气候变化的主流方式之一。当前,国内碳排放交易的发展方兴未艾,全国性的统一碳市场呼之欲出。本书在总结碳排放交易基本理论和国外发展情况的基础上,全面梳理了国内,特别是上海市在碳排放交易机制建设方面所取得的重要进展和存在的问题,具体内容包括碳排放交易的背景和基本理论、欧盟等国际碳排放交易体系、国内碳排放交易试点的进展、上海市碳排放交易试点的剖析、企业碳信息的披露等,从总量设定、碳排放额分配设计、碳排放额拍卖设计和 MRV 等方面对碳排放交易机制进行分析是本书的重要特点。本书重点对上海市碳排放交易机制的建设提出了建设性意见,对全国碳排放交易市场的建立也具有借鉴意义。

　　本书可作为环境、经济等专业研究生和高年级本科生环境经济类课程的教材和学习参考资料,并可作为碳排放交易领域的广大研究人员和从业者、政府部门、咨询机构工作的参考用书。

图书在版编目(CIP)数据

碳排放交易理论与实践/廖振良编著.--上海:
同济大学出版社,2016.4
　ISBN 978-7-5608-6089-3

　Ⅰ.①碳… Ⅱ.①廖… Ⅲ.①二氧化碳—排污交易—
研究 Ⅳ.①X511

中国版本图书馆 CIP 数据核字(2015)第 286671 号

碳排放交易理论与实践

廖振良 编著

责任编辑 高晓辉　责任校对 徐春莲　封面设计 王 翔

出版发行　同济大学出版社　www.tongjipress.com.cn
　　　　　　(地址:上海市四平路 1239 号　邮编:200092　电话:021-65985622)
经　　销　全国各地新华书店
印　　刷　江苏句容排印厂
开　　本　710mm×960mm　1/16
印　　张　14.25
字　　数　285000
版　　次　2016 年 4 月第 1 版　　2022 年 3 月第 2 次印刷
书　　号　ISBN 978-7-5608-6089-3

定　　价　48.00 元

重印说明

本书正式出版于2016年，出版后首印很快售罄。去年以来，不断有读者来咨询想要购买本书，可惜出版社已无库存，而我也仅剩下手头的一本作为留念，于是就有了对本书再版的想法。然而，这本书的内容是停留在六年前的，当时中国碳交易实际上是处于一个低潮。以今天的视角来看，中国碳交易发展的背景、进展等已经发生了很大的变化，如果要再版的话，则很有必要对内容进行补充修改完善，而这需要花费大量的时间，来不及满足想要立刻读到其中内容的读者的需求。而且自2020年下半年以来，这方面的书籍像雨后春笋般涌现出来，其中当然不乏有紧扣时代背景和发展要求的力作，我要再去凑这个热闹是不是显得有些多余？

待我重新阅读该书时，发现这里面关于碳交易的理论和方法其实还是能够指导今天中国碳交易的实践，内容并没有过时。同时，该书忠实地记载了在当时背景下，我们关于碳交易的思考和探索，这些都已经深深地打上了历史的烙印。而当我们再从今天的视角来审视，就更能清楚当前现状的缘由。所以，如果保留这本书的内容不变，倒反而能够满足想更进一步了解中国碳交易与碳市场发展脉络的读者的需求。

所以，最后与出版社达到一致：先对这本书一字不改地进行重印，与时同时，抓紧时间进行补充修改完善，待补充的内容成熟之后，再进行再版或推出新作。

特此说明。

廖振良

2022年2月

前　言

气候变化已是一个公认的事实。导致气候变化的因素是多方面的，既有自然因素，也有人为因素。但可以肯定的是，人类活动（如滥伐森林等）导致的大量温室气体排放和碳汇减少对气候变化产生了至关重要的影响。气候变化问题也早已从一个单纯的科学研究问题延伸为事关人类发展的重大国际事务问题，成为各方博弈的焦点。英国经济学家 Lord Nicholas Stern 将气候变化称为"全世界经历的最严重市场失灵"。显然，如何采取有效措施纠正这一市场失灵将会对人类未来数百年乃至更长远的发展产生深刻影响。

目前，中国在国际上并不承担强制的温室气体减排义务。但是，中国在温室气体减排方面正面临越来越严峻的局面，主要表现以下几个方面。

（1）从碳排放量规模来看，中国已跃居世界首位，并且仍然保持着较快的增长趋势，在未来很有可能会超过所有发达国家的排放总和。在人均碳排放量上，中国也超过了世界平均水平。

（2）中国虽然还是一个发展中国家，但是从经济总量来看已稳居世界第二。在当前经济持续复苏乏力，经济形势错综复杂的国际环境下，根据国家统计局公布的报告显示，2004 年国民经济在新常态下平稳运行，国内生产总值达 636 463 亿元，远远超过排在第三位的日本。对于全世界的温室气体减排，中国负有不可推卸的责任。

（3）近年来，国内各地区频发的雾霾等环境问题已引发公众的持续关注，经济发展所面临的环境约束愈发明显。

碳排放交易作为一种基本的经济手段，成为当今国际社会应对气候变化的主流方式之一。以欧盟排放交易体系为代表的碳排放交易机制在理论研究和实践运行方面都取得了丰富的经验。2011 年，国家发改委办公厅下发的《关于开展碳排放权交易试点工作的通知》（发改办气候〔2011〕2601 号），批准北京、天津、上海、重庆、湖北、广东、深圳 7 省市开展碳排放权交易试点工作，标志着我国在碳排放交易机制建设方面迈出重要一步。当前，国内七省市的碳排放交易试点都已开始运行,国内碳排放交易方兴未艾,全国性的统一碳市场也呼之欲出。基于这一背景,本书在总结碳排放交易基本理论和国外发展情况的基础上,全面梳理了国内,特别是上海市在碳排放交易机制建设方面所取得的重要进展。

本书各章节安排如下:第 1 章为绪论,介绍气候变化、国际减排公约等有关背景和碳排放交易研究的实践意义;第 2 章对碳排放交易设计的基本理论进行简析,简要比较了碳税与碳排放交易的区别,从环境容量的角度分析了总量设定的思路、具体方法,并介绍了价格形成机制及配额拍卖的相关内容;第 3 章总结欧盟排放交易体系的发展、市场运行、法制特征及其对中国及上海市碳排放交易试点的借鉴意义;第 4 章主要介绍国际上其他的碳排放交易机制情况;第 5 章梳理国内碳排放交易试点的进展,比较碳排放交易试点各省市的机制设计,试点运行情况和存在的问题等;第 6 章重点介绍了上海市碳排放交易试点的机制设计、运行情况和存在的问题;第 7 章到第 10 章分别从总量设定、碳排放额分配设计、碳排放额拍卖设计和对上海市碳排放交易试点的 MRV 方面做进一步的分析;第 11 章从参与碳排放交易的企业角度,介绍了企业碳信息披露的有关内容。

本书能得以出版,要诚挚地感谢我的学生们所作的贡献,他们包括朱小龙、苏颖、史娇蓉、徐晋、陈庄田逸、贾龙智子、杨可、刘英杰、龙张思、钱承晔等,尤其是朱小龙,不仅参与完成了相应的课题研究工作,还参与了全书的编撰,起草了部分章节。

本书得到同济大学研究生教材出版项目资助(项目编号:2014JCJ S030),可作为环境、经济等专业研究生和高年级本科生环境经济类课程的教材和参考资料,并可作为碳排放交易领域广大研究人员和从业者、政府部门、咨询机构工作的参考用书。

廖振良

2015 年 12 月

目　录

第 1 章　绪论

1.1　UNFCCC 与京都议定书

全球气候变化已是一个公认的事实,引起了国际社会的广泛关注。如何采取有效措施减少温室气体排放正逐渐成为全世界共同关注的焦点。为了更好地应对气候变化问题,1992 年 5 月在纽约联合国总部达成了《联合国气候变化框架公约》(United Nations Framework Convention on Climate Change, UNF-CCC,以下简称《公约》),《公约》的最终目标是将大气中温室气体的浓度稳定在防止气候系统受到危险的人为干扰的水平上[1]。这是世界上第一个全面控制二氧化碳等温室气体排放,以应对全球气候变暖给人类经济和社会带来不利影响的国际公约,也是国际社会在应对全球气候变化问题上进行国际合作的一个基本框架。目前,《公约》已拥有包括中国在内的近 200 个缔约方,缔约方大会每年举行一次。《公约》具有法律约束力。其目的是控制大气中二氧化碳、甲烷和其他造成"温室效应"气体的排放,将温室气体的浓度稳定在使气候系统免遭破坏的水平上。

根据政府间气候变化专门委员会(Intergovernmental Panel on Climate Change, IPCC)的报告,为了将全球气温变化控制在 2℃ 以内,需要在 21 世纪中叶以前实现全球温室气体减排 40%～70%[2]。考虑到各国发展水平和减排能力的不同,《公约》提出了"共同但有区别的责任"原则,即对发达国家和发展中国家规定的义务以及履行义务的程序有所区别。《公约》要求,发达国家作为温室气体的排放大户,要采取具体措施限制温室气体的排放,并向发展中国家提供资金,以支付他们履行公约义务所需的费用。而发展中国家只承担提供温室气体源与温室气体汇的国家清单的义务,制定并执行含有关于温室气体源与汇方面措施的方案。按照上述原则,《公约》将缔约方分为附件一国家和非附件一国家。附件一国家主要为发达国家和经济转型国家,这些国家带头采取措施减少温室气体排放,并为发展中国家的减排提供资金和技术支持;非附件一国家主要为发展中国家,在充分考虑经济社会发展以及发达国家支持程度的基础上采取适当的减排措施。

1997年12月,《公约》缔约方第三次会议在日本京都召开。149个国家和地区的与会代表通过了旨在限制发达国家温室气体排放量,以缓解全球气候变化的《京都议定书》(*Kyoto Protocol*),规定在2008年到2012年间,附件一国家的温室气体排放量要比1990年平均降低5.2%。具体而言,各主要工业发达国家至2012年必须完成的温室气体减排目标是在1990年的排放量基准上,欧盟削减8%,美国削减7%,日本削减6%,加拿大削减6%,东欧各国削减5%~8%。《京都议定书》需要被占全球温室气体排放量55%以上的至少55个国家被批准,才能成为具有法律约束力的国际公约。中国于1998年5月签署,并于2002年8月核准了该议定书。

2005年2月16日,《京都议定书》正式生效,成为全球第一个以法律形式明确规定各国减排义务的文件。鉴于不同国家减排目标和减排成本的差异,《京都议定书》第六条、第十二条和第十七条分别提出了三种"灵活机制",以帮助附件一国家完成减排目标:第一种是联合履约机制(Joint Implementation,JI);第二种是清洁发展机制(Clean Development Mechanism,CDM);第三种是排放交易机制(Emission Trading,ET)。

联合履约机制允许附件一国家联合履行减少温室气体排放的责任,是基于项目的减排合作。附件一国家包括发达国家和经济转型国家,两者减排成本存在差异,发达国家的减排成本较高,经济转型国家的减排成本较低。联合履约机制一般是发达国家向市场转型国家投资减排项目,获得减排单位(Emission Reduction Units,ERUs),同时在接受投资国的国家登记册上扣除相应的分配数量单位(Assigned Amount Units,AAUs)。联合履约机制鼓励合作国家之间的技术转让。

排放交易机制允许超额完成减排任务的国家将多余的AAUs转让给未能实现减排目标的国家,并且同样要求扣除转让国相应的AAUs,交易主要发生在附件一发达国家之间。

清洁发展机制是三种"灵活机制"中唯一允许发展中国家参与的机制,与联合履约机制类似,也是基于项目的合作交易。不同的是清洁发展机制由附件一国家向非附件一国家投资减排项目,获得核证减排量(Certificated Emission

Reductions，CERs)，用以抵扣本国的减排任务。清洁发展机制在帮助附件一国家完成减排任务的同时，也是为了促进非附件一国家的可持续发展，以及发达国家向发展中国家的技术转让。三种机制的具体情况见表1-1。

表 1-1　　　　　　　　　　　《京都议定书》的三种"灵活机制"

机制	类型	参与者	交易单位	合作形式
联合履约机制 （JI）	基于项目	附件一 国家之间	减排单位 （ERUs）	通过项目合作实现 ERUs 转让给发达国家，同时必须扣除转让方相应的 AAUs
清洁发展机制 （CDM）	基于项目	附件一与 非附件一 国家之间	核证减排量 （CERs）	发达国家通过向发展中国家投资减排项目，获得 CERs
排放交易机制 （ET）	基于配额	附件一 国家之间	分配数量单位 （AAUs）	超额完成减排任务的国家将多余的 AAUs 转让给未能完成减排任务的国家，同时扣除转让方相应的 AAUs

《京都议定书》及其三种"灵活"机制最终催生了碳排放交易和碳市场。碳排放交易源于欧美，经过近十年的发展，已经成为国际认可的有效的温室气体减排手段。碳排放交易的基本原理是合同的一方通过支付另一方获得温室气体减排额。

买方可以将购得的减排额用于减缓温室效应，从而实现其减排的目标。在6种被要求减排的温室气体中，二氧化碳(CO_2)为最大宗，所以这种交易以每吨二氧化碳当量(tCO_2e)为计算单位，通称为"碳排放交易"。其交易市场则被称为碳市场。

1.2　碳排放交易的类型

根据《京都议定书》的规定，国际碳排放交易主要可以分为两大类：基于配额的交易（Allowance-based Market）和基于项目的交易（Project-based Market）。其中，基于配额的交易又可以分为强制碳排放交易和自愿碳排放交易。强制碳排放交易与自愿碳排放交易是按照参与主体加入机制的自愿性进行区分的，强制碳排放交易由管理者决定纳入交易体系的主体，如欧盟碳排放交易体系(EU ETS);自愿碳排放交易则是主体自愿选择是否加入碳排放交易,一般是企业出于对社会责任、品牌营销、企业形象等方面的考虑,自愿碳排放交易的代表是芝加哥气候交易所(CCX)。强制碳排放交易采用"限额交易"(Cap-and-Trade)机制,管理者制定温室气体排放的上限,并分配给各个排放主体,同时允许配额交易。排放主体可以根据温室气体的实际排放情况决定配额的买卖。

基于项目的交易与配额交易不同,没有强制要求,项目方自主开发温室气体减排项目,产生的减排量经核证后可以卖给需求者,目前主要是《京都议定书》下的联合履约机制和清洁发展机制,其中以清洁发展机制为主。表 1-2 总结了目前国际碳排放交易市场的主要机制类型及其交易单位。

表 1-2　　　　　　　　　　国际碳排放交易分类

交易类型	基于项目的交易市场 (Projected-based Market)		基于配额的交易市场 (Allowance-based Market)	
	一级市场 二级市场(不产生实际减排量)		强制碳排放交易市场 (Compulsory Carbon Market)	自愿碳排放交易市场 (Voluntary Carbon Market)
主要机制	清洁发展机制 (CDM)	联合履约机制 (JI)	欧盟碳排放交易体系 (EU ETS)	芝加哥气候交易所 (CCX)
交易单位	核证减排量 (CER)	减排单位 (ERU)	欧盟碳排放配额 (EUA)	自愿减排量 (VER)

碳排放交易在 2005 年前就开始出现。《京都议定书》生效后,给全球碳排放交易注入了一针强心剂。此后碳排放交易的发展经历了一轮高潮。2005 年的交易额为 110 亿美元,到 2010 年已经达到 1 419 亿美元,年均增长率 164%。其中,基于配额的交易是碳市场的主导,交易额所占比例逐年上升,2010 年交易额为1209亿美元,占全球碳排放交易总额的 85.2%[3]。

1.3　中国所面临的形势

在《联合国气候变化框架公约》"共同但有区别的责任"原则下,2012 年之前,中国与其他发展中国家一样不需要承担减排义务。但是,中国作为仅次于美国的世界第二大经济体,同时也是温室气体排放第一大国,未来能源消费和温室气体排放还将持续增长。随着国际碳排放空间进一步约束,我国在国际谈判中面临的压力将越来越大。目前,在国际气候谈判中,以美国为首的不少发达国家要求中国和印度等发展中大国承担量化的减排义务。小岛国联盟积极呼吁加快谈判进程,也提出了同样的要求。

根据国际能源署(International Energy Agency, IEA)公布的数据,2007 年中国的温室气体排放量为 60.3 亿吨,已经超过美国的 57.7 亿吨,成为世界上温室气体排放最多的国家。而 2007 年中国的人均年度温室气体排放量为 4.6 吨,也已经高于世界人均排放水平 4.4 吨。图 1-1 显示了 1980—2013 年欧盟 28 国、美国、俄罗斯、日本和中国能源消耗碳排放总量的变化情况。从图 1-1 可以看出,进入 21 世纪以后,中国的碳排放总量增长迅速。2003 年左右超过了欧盟 28 国的排放总量,2007 年超过美国的排放总量,成为世界第一大碳排放国,在此后依然保持快速增长的趋势。至 2013 年,中国的碳排放总量已达到 99.76 亿吨,而同期美国和欧盟 28 国的排放总量分别为 52.33 亿吨和 34.82 亿吨。中国的碳排放总量已经超过美国和欧盟排放总量之和。照目前的趋势,中国的碳排放总量很可能在不久之后超过所有发达国家的碳排放总和。从人均碳排放量的角度来看,图 1-2 显示了 1980—2013 年,欧盟 28 国、美国、俄罗斯、日本、中国以及世界人均碳排放量的变化情况。从图中可以看出,中国人均碳排放量

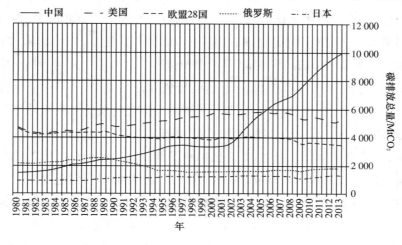

图 1-1　1980—2013 年主要国家和地区碳排放总量变化情况

资料来源:全球碳计划(Global Carbon Project)。

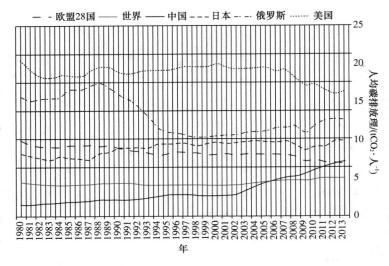

图 1-2 1980—2013 年主要国家地区和世界人均碳排放量变化情况

资料来源：全球碳计划(Global Carbon Project)。

在进入 21 世纪以后也进入了快速增长阶段。在 2007 年,中国人均碳排放量超过了世界人均水平。2013 年,中国人均碳排放量达 7.2 吨,不仅明显高于世界人均排放量(5.0 吨),也超过了欧盟的人均碳排放量水平(6.8 吨)。

作为一个负责任的大国,在 2009 年哥本哈根气候大会召开前夕,中国承诺到 2020 年单位 GDP 二氧化碳排放强度比 2005 年降低 40％～45％。2014 年 11 月 12 日,中国和美国共同发表了《中美气候变化联合声明》,声明指出中国将力争实现温室气体排放量在 2030 年达到峰值并开始减少。但是,从目前形势来看,中国要完成这一目标还存在很大困难。我国现阶段仍然是粗放型经济发展模式,GDP 上升依赖于大量的能源消耗,中国已经成为能源消耗最大的国家。2010 年,我国能源消耗总量为 32.5 亿吨标准煤,比上一年增长 5.9％[4],单位 GDP 能耗虽然较 2009 年(1.077 吨标准煤/万元)降低 4％,但还是高于发达国家,是美国的 3 倍、日本的 5 倍。在能源消耗不断增加的同时,我国的能源进口量也在不断增加。2010 年,我国原油进口 2.39 亿吨,同比增长 17.4％,对外依存度高达 53.8％[5]。我国一向是煤炭储量丰富的国家,但从 2009 年开始,我国由煤炭净出口国变为进口国,而且进口量不断增加。如果这种趋势无法得到有效控制,将来甚至有可能威胁到我国的能源安全。

目前,这种不可持续发展的影响已经逐渐显现,全国各地出现煤荒、电荒。"十一五"末期,各地为了完成减排目标,纷纷采取拉闸限电这样的极端措施。但即使是这样,"十一五"单位 GDP 实际能耗降低了 19.1%,还是没有完成能耗降低 20% 的目标。而"十二五"提出单位 GDP 能耗降低 16%,单位 GDP 二氧化碳排放降低 17% 的目标。显然,单纯依靠传统的命令控制型手段,已经无法有效完成国内减排目标和国际减排承诺,必须寻找低成本、高效率的减排手段,降低温室气体排放,完成减排目标,并且推进低碳经济的发展。

1.4　国内碳排放交易试点工作的启动

2010 年 10 月,中共中央《国民经济和社会发展第十二个五年规划的建议》中指出,要逐步建立碳排放交易市场。同年 10 月 19 日,国务院下发《国务院关于加快培育和发展战略性新兴产业的决定》,提出要建立和完善主要污染物和碳排放交易制度。2011 年 10 月 29 日,国家发改委发布《国家发展改革委办公厅关于开展碳排放权交易试点工作的通知》,正式批准北京市、天津市、上海市、重庆市、湖北省、广东省及深圳市开展碳排放权交易试点,于 2013 年开展区域碳排放权交易试点,并在此基础上建立全国碳排放交易市场。《上海市国民经济和社会发展第十二个规划纲要》、《上海市节约能源条例》和 2011 年上海市委、市政府重点工作部署中,都对探索开展碳排放交易、碳金融市场发展等提出了要求,明确提出"十二五"期间积极开展碳排放交易试点工作,探索碳排放交易市场机制。截至 2014 年 6 月,深圳、上海、北京、广东、天津、湖北和重庆都已经先后正式启动了各自的碳排放交易试点。目前,我国的碳排放交易机制建设正处在关键时期,七个试点省市的先行先试已经取得了一些经验。2015 年 2 月,《碳排放权交易管理暂行办法》发布。这是第一部国家层面的碳排放权交易基础性政策文件,标志着国内碳排放交易将由起步阶段逐步进入发展阶段,建设国家层面碳排放交易体系的条件已经日渐成熟。在未来,建立、完善碳排放交易市场,逐步依靠市场机制来推动中国实现碳减排已是大势所趋。

目前国内开展碳排放交易试点的时间还不长,有关碳试点的跟进研究还比较缺乏。本书紧跟上海市的碳排放交易试点工作,通过大量翔实的数据、资料总结了上海市碳排放交易所取得的进展和面临的问题,并为下一步上海市碳排放交易机制在总量设定和配额拍卖方面的改进提供了合理的方案,为相关决策部门提供参考,也给国内其他试点机构和全国碳市场建设提供借鉴。

本章参考文献

[1] United Nations. United Nations Framework Convention on Climate Change [R]. New York：United Nations，1992.

[2] IPCC. Summary for Policymakers, Mitigation of Climate Change, Contribution of Working Group III to the Fifth Assessment Report of the Intergovernmental Panel on Climate Change [R]. Cambridge University Press, Cambridge, United Kingdom and New York, NY, USA. 2014.

[3] Nicholas Linacre，Alexandre Kossoy，Philippe Ambrosi，et al. State and Trends of the Carbon Market 2011 [R]. Washington DC：World Bank，2011.

[4] 王静. 2010 年我国能源消费总量 32.5 亿吨标准煤 [EB/OL]. [2011-02-28] http://www.xinhua08.com/news/zgcj/hgjj/201102/t20110228_340016.html. 2-08.

[5] 王洪宁. 2010 年中国原油对外依存度达 53.8% 再创新高 [EB/OL]. [2011-01-27] http://business.sohu.com/20110127/n279111390.shtml.

第2章 碳排放交易理论简析

在研究碳排放交易机制前,碳排放交易的理论分析将有助于深刻认识碳排放交易这一概念,并且在机制设计中更好地从理论出发指导实践,从而使机制设计更契合理论依据,在实际运行中达到更好的效果。碳排放交易源于排污权交易,其理论即排污权交易的理论,因此本章首先针对排污权交易理论进行了分析,之后从环境容量的角度分析了总量设定的思路、具体方法,并在此基础上介绍了价格形成机制及配额拍卖的相关内容。

2.1 外部性理论

外部性理论源于新古典经济学派代表马歇尔,他在 1890 年发表的《经济学原理》中首次提出"外部经济"这一概念。之后,马歇尔的得意门生、福利经济学创始者庇古在马歇尔提出的"外部经济"的基础上扩充了"外部不经济"的概念和内容,从而对外部性理论进行了完善和发展。所谓外部性,是指"一方的生产或消费对其他方强征了不可补偿的成本或给予了无须补偿的收益"。

庇古在分析外部性理论时,创新地提出了边际个人成本、边际社会成本、边际个人收益、边际社会收益等概念,形成了外部性理论的分析工具。庇古把个人在经济活动中所产生的成本和收益称为边际个人成本和边际个人收益。而个人经济活动往往会对他人造成影响,如果他人受到损失,则产生外部成本,边际个人成本与边际外部成本之和就是边际社会成本;如果他人获益,则产生外部收益,边际个人收益与边际外部收益之和就是边际社会收益。前者即负外部性,也就是外部不经济性,环境污染就是典型例子;后者即正外部性,也就是外部经济性,如公共基础设施建设。

以 CO_2 排放为例,企业在生产过程中产生大量的 CO_2,如果直接排放到大气中,会对大气环境造成破坏,形成温室效应,带来气候变暖等一系列问题。如果企业采取措施把 CO_2 的排放量控制在一定范围内,就会增加企业的生产成本。企业的最终目的都是追求利润,因此在一般情况下都会选择前者,将 CO_2 直接排入大气。这时就产生了边际外部成本,使得边际社会成本高于边际个人成本,即社会要为企业的污染行为买单,这就是环境污染的外部效应。外部性理论从经济学角度揭示了环境污染产生的根源。要解决环境污染,就是要实现环境的外部效应内部化,目前主要有两种方法:庇古手段和科斯手段。

2.2 庇古理论与碳税

2.2.1 庇古理论

针对环境污染问题的负外部性,庇古主张通过向污染者征税弥补个人边际成本与社会边际成本之间的差异,使两者相等,实现外部成本的内部化,这就是著名的"庇古税"。

庇古主张的"谁污染,谁治理"在理论上是可行且有效的,但在实际操作中却存在着很大的困难。最大的问题是税率的确定,税率过低则无法达到征税的目的,税率过高又会加重企业负担,影响经济发展。政府必须要掌握全面的边际成本、边际收益等情况才能确定合适的税率,但现实情况是政府无法掌握足够的信息,这就有可能导致庇古税的实施无法达到预期目标。

2.2.2 "庇古税"在碳税中的应用

碳税即源于庇古税,通过向碳排放者征税实现控制碳排放的目的。根据碳税的实施方案, CO_2 排放者要为碳排放支付一定的费用,这种经济上的刺激会促使碳排放者调整自身经济活动以减少 CO_2 的排放,从而实现全社会 CO_2 减排的目标。如图 2-1 所示,横坐标表示企业的碳排放量,纵坐标表示减排成本,曲线 MC 表示企业减排的边际成本, ML 表示边际社会成本。两条曲线相交时即个人成本等于社会成本,此时的 T 即最佳税率,

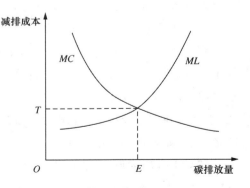

图 2-1　碳税的理论示意图

E 就是社会最优碳排放量[1]。

2.3 科斯定理与碳排放交易

2.3.1 科斯定理

科斯定理一直被认为是排污权交易的理论基础,所谓"科斯定理"并不是科斯本人的直接表述,而是斯蒂格勒等人对科斯思想进行总结所提出的。科斯定理可以概括为两部分内容,即"科斯第一定理"和"科斯第二定理"。

科斯第一定理是指在交易费用为零的情况下,只要产权明晰,无论初始产权如何分配,最终都可以通过市场交易实现资源的最优化配置。由此可知,产权的明确界定是市场交易的基本前提。而在现实情况中,交易费用为零的情况是不存在的,由此又引出了科斯第二定理,即在交易费用大于零的现实世界中,产权的初始分配会影响经济效率。也就是说,在交易费用为正的情况下,不同的初始产权分配会导致不同效率的资源配置。

2.3.2 科斯定理在碳排放交易中的应用

对于环境污染问题,科斯提出的产权手段通过明确环境容量的产权,即对其进行初始分配,同时允许产权交易,由此促进社会成本的最小化。碳排放交易是在总量控制的目标下,政府对 CO_2 的排放权进行初始分配,并且允许交易,从而实现社会总减排成本的最小化。

由于企业的边际减排成本不同,只要交易带来的净收益高于交易的费用,企业就愿意进行交易,直至两个企业的边际减排成本相同,这时社会总减排成本就达到最低。

如图 2-2 所示,假设不考虑交易费用,企业 1 与企业 2 需要完成的减排量相同,均为 X_1。由于企业减排的边际成本不同,两个企业完成同等减排量的总成本也不同,企业 1 完成 X_1 的边际成本为 P_1,总成本为 A;企业 2 完成 X_1 的边际成本为 P_2,总成本为 $B+C+D+E$,社会总减排成本为 $A+B+C+D+E$。当企业 1 与企业 2 进行交易后,两者在 O 处达到相同的边际减排成本 P,也就是两者的交易价格,这时企业 1 的减排量为 X_2,企业 2 的减排量为 X_3。企业 1 的直接减排成本为 $A+B$,但通过交易,企业 1 获益 $B+D$,因此企业 1 的总减排成

本为 $A-D$;企业2的减排成本包括直接减排成本和购买成本,直接减排成本为 C,购买成本为 $B+D$,企业2的总减排成本为 $B+C+D$,社会总减排成本为 $A+B+C$。与交易前相比,企业1的减排成本减少了 D,企业2的减排成本减少了 E,社会总减排成本减少了 $D+E$,由此可见,交易使两个企业达到了双赢的结果,并且实现了社会总减排成本的最小化。

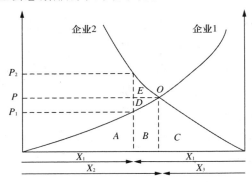

图 2-2　碳排放交易实现社会总减排成本最小化示意图

2.4　碳税与碳排放交易的选择

碳税与碳排放交易是目前国际应对气候变暖、控制温室气体排放最有效的两种经济手段,已经引起各国的广泛关注,因此对这两种机制的比较与选择一直没有停止。

碳税最早在北欧五国实行——瑞典、挪威、芬兰、丹麦、荷兰,并于 1992 年在欧盟范围内推广。目前,除以上五个北欧国家之外,阿尔巴尼亚、捷克、爱沙尼亚、德国、意大利、瑞士、英国、澳大利亚等国家也已开始征收碳税或者气候变化相关税。

碳税的优势主要表现为:价格稳定,政府部门制定税率后碳价不会随着市场产生波动,为企业提供了稳定的价格信号,便于企业根据自身情况制定生产和减排决策;成本较低,易于监督管理,碳税本质上是一种税收,与传统的税收在操作实施方面都有很多相似之处,政府无须再建立额外的监督管理机制;覆盖范围广,碳税一般是对化石燃料按照其含碳量或碳排放量进行征税,便于覆盖各类排放设施以及小型排放源[2]。

虽然碳税有诸多优点,但也不可避免地存在着缺点:碳税的税率难以制定,政府要制定出准确的税率就需要掌握足够的减排成本信息,而现实情况是政府很难全面掌握这些信息,这也就导致政府可能无法制定出合适的税率;无法控制碳排放的总量,从而导致温室气体的减排量存在很大的不确定性。

与碳税相比,碳排放交易一个很大的优势就是可以控制温室气体排放的总量,这一点对很多承诺了强制减排目标的国家来说是非常具有吸引力的,这也是为什么越来越多的国家选择碳排放交易的一个重要原因。其次,碳排放交易相比碳税具有更大的灵活性,企业可以根据自身情况灵活决定减排方案,碳排放交易市场为企业提供了更多的选择。另外,碳排放交易还会促进碳金融市场的形成,这一点是碳税无法企及的,目前,全球碳排放交易市场的交易额已经达到上千亿美元,将来甚至有可能超过石油成为全球第一大交易市场。

当然,碳排放交易也存在一定的劣势:价格波动较大,市场不稳定,随着经济形势、能源供给、总量控制等因素的变化,碳价也会随之产生波动,碳价的不确定性为企业决策、碳市场投资都带来了一定的影响;实施成本较高,碳排放交易机制的有效运行需要有力的监督管理机制作为保障,温室气体排放数据的收集、监测、上报、交易等都需要投入大量的成本。

碳排放交易与碳税的优劣势比较见表 2-1。

表 2-1　　　　　　　　　　　碳排放交易与碳税的比较

两种机制	优　势	劣　势
碳排放交易	1. 控制温室气体排放总量 2. 企业减排的灵活性 3. 形成碳金融市场	1. 价格波动较大,市场不稳定 2. 实施成本较高
碳税	1. 价格稳定,便于企业决策 2. 成本较低,不需额外建立监督管理机制 3. 覆盖范围广泛	1. 税率难以制定 2. 无法控制排放总量

目前,相对于碳税来说,碳排放交易的实施范围更加广泛,而且越来越多的国家打算加入这一市场,不仅是发达国家,也包括很多发展中国家。而碳税主要在一些发达程度较高的国家实施,如北欧,而这些国家的发展情况、经济能源

结构与我们有着很大的差别,很少有以制造业为主的国家选择碳税。通常认为,碳税更适用于小型、分散的排放主体,而碳排放交易适合大型排放设施,而且碳排放交易所带动的碳金融市场是碳税远不能及的。因此,相对来说,碳排放交易更适合中国目前的节能减排要求。

2.5　环境容量的内涵

环境容量的学术概念最先是由日本学者阿部泰隆[3]予以阐释的,但基于环境容量这一概念的思想雏形在 20 世纪 60 年代便已形成。20 世纪 60 年代末,日本为了应对出现的环境问题,提出了基于污染物排放总量控制的应对政策,要把一定区域的大气或水体中的污染物总量控制在一定的允许限度内。之后日本环境厅委托卫生工学小组提出《1975 年环境容量计量化调查研究报告》,环境容量的应用逐渐增多,成为污染物治理的理论基础之一[4]。对于环境容量这一概念的定义,尚不存在一个统一的标准,田贵全[5]将环境容量表述为在规定的环境目标下,某一环境所能容纳的污染物数量。由环境容量的定义不难看出,环境容量的大小和设定的环境目标密切相关。

近年来,环境容量的内涵已得到极大的延伸。《京都议定书》的实施、全球气候变化的加剧等因素使得控制二氧化碳等温室气体的排放成为世界关注的焦点。从控制温室气体排放的角度来讨论环境容量,最具重要影响和广泛共识的一个环境目标便是 2℃目标,即要将工业化革命以来的全球气候升温幅度控制在 2℃以内。Stern[6]详细列举了不同升温幅度对全球生态环境所带来的影响。当升温幅度超过 2℃时,将面临 30％的物种灭绝、海平面大幅上升、北极生态圈崩溃等严重后果,直接威胁人类的生存发展。根据相关研究,要实现 2℃目标,应该力争将大气中的 CO_2 浓度控制在 450ppm 以下。然而,联合国政府间气候变化委员会(IPCC)最新公布的第五次评估报告显示[7],自 1750 年以来,由于人类活动,大气中二氧化碳(CO_2)、甲烷(CH_4)和氧化亚氮(N_2O)等温室气体的浓度均已增加。2011 年,上述温室气体浓度依次为 391ppm、1803ppb 和 324ppb,分别约超过工业化前水平的 40％、150％和 20％。不难看出,当前大气中的二氧化碳浓度(391ppm)距离目标控制浓度(450ppm)的差距已经不大,剩余的温室气体排放空间将日益有限。并且,全球的温室气体排放量还在快速增加,要完成上述 2℃目标,确保环境容量不被透支,仍然面临着诸多挑战。

2.6 环境容量资源的稀缺性

从产权经济学看,人类社会的各种资源的变化趋势总是从富足走向短缺。特别是相对于人们无限制上升的需求而言,资源的供给总是相对有限的,总是会从富足走向不充分的[8]。对于环境容量资源而言也是如此。环境容量资源是相对有限的,但是经济的增长、社会的发展却是相对无限的,并且随着社会的进步,对于环境质量的要求,以及实现更加可持续发展的要求就会越高,这样就使得环境容量资源从富足到不充分,环境容量资源的稀缺性也愈发显著。这样一来,环境容量资源的价值也从其稀缺性中得到了更好的体现。

以上规律对于碳排放交易机制同样是适用的。环境容量资源在碳排放交易机制中的直接体现就是排放权或者说排放配额总量的设定。从长远来看,排放配额总量总是趋于下降的,但是经济在保持增长,交易机制覆盖的排放实体的排放需求也是在增长的,排放配额的稀缺性便会越来越显著。Nordhaus[9]在20世纪70年代就提出,资源的稀缺性将最终改变经济运行的规则。曾被认为是免费的物品,如空气等都有可能和其他商品一样成为稀缺品。

图 2-3 从供求关系的角度进一步描述了碳排放交易机制中排放配额的稀缺性。以上海市碳排放交易试点机制为例,图中横轴表示配额数量 Q,纵轴表示配额价格 P。由于在碳排放交易机制中,总量一经设定之后,在一段时期内就会保持不变,基本不受配额价格波动影响,配额总量的供给是刚性的。例如,上海市碳排放交易机制在试点期间(2013—2015 年)实行一次性向试点企业发放三年配额。这也就意味着在试点期间,三年的配额总量 Q_0 保持基本不变,配额总量的供给曲线 S_0 是垂直于横轴的一条刚性直线。而参与交易的试点企业的配额需求是浮动的,会受到配额

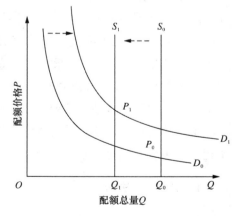

图 2-3 排放配额供求关系示意图

价格的影响。如需求曲线 D_0 所示,配额价格较低时,需求量增加;配额价格较高时,需求量减少。随着上海市碳排放交易试点机制的进一步推进,上海市势必将面临更严格的排放量控制目标和经济结构转型压力。因此,从长远来看,上海市碳排放交易机制的总量将呈现下降趋势,配额供给曲线由 S_0 左移至 S_1。与此同时,随着经济的持续发展,试点企业生产经营规模扩大,以及纳入交易机制的企业数量增加,对于配额的需求量是增长的。这将导致需求曲线右移至 D_1。相应地,供需曲线交汇的均衡点也从 P_0 移动至 P_1。配额的均衡价格上升,反映出碳排放配额的日益稀缺。

2.7　总量设定的方法

实现总量控制的前提是对环境容量的认可和确定。碳排放交易机制建立的初衷是通过市场手段来实现减排,以确保温室气体的排放在一定限度之内,从而不会导致生态环境的崩溃。这个"一定限度"体现的便是环境容量的思想。对环境容量进行定性描述比较容易,但要对其进行定量计算却是很困难的。从碳排放交易机制的角度而言,温室气体一旦排放,便会进入大气循环,对全球环境造成影响,其影响的范围是没有边界的。但是一个特定的碳排放交易机制却是有边界的,只能覆盖一定区域内的部分排放源。因此,在设定碳排放交易机制的总量时,并不是考虑如何直接计算环境能够容纳的温室气体排放量大小,而是选择从环境容量的内涵出发,即环境容量是和人为制定的环境目标密切相关的。例如,在设定上海市碳排放交易机制的总量时,采取的思路是在分析上海市碳排放量历史现状的基础之上,结合未来的发展变化趋势和规划目标(如碳排放强度目标、能源强度目标、能源结构调整目标等)来进行计算。其中,研究上海市历史碳排量情况主要运用了政府间气候变化专门委员会(IPCC)颁布的温室气体清单方法学。结合规划发展目标,分析上海市未来碳排放变化趋势所运用的主要方法是情景分析方法。

2.7.1　IPCC 方法学

《2006 年 IPCC 国家温室气体清单指南》(以下简称"IPCC 指南")是国际认可的方法学,被各国广泛应用于编制温室气体排放清单。IPCC 指南包括 CO_2、

CH_4 等在内的十余种温室气体,并将温室气体排放量和清除量估算分为五个部门,每一部门包含一组相关的过程、源和汇。这五个部门分别是能源,工业过程和产品使用(IPPU),农业、林业和其他土地利用,废弃物以及其他部门(如源于非农业排放源的氮沉积的间接排放)[10]。

在 IPCC 指南中,用于计算温室气体排放最基本的方法学方式是把有关人类活动发生程度的信息(称作"活动数据"或"AD")与量化单位活动的排放量或清除量的系数结合起来。这些系数称作"排放因子"(EF)。因此,基本的方程可以写成

$$排放量＝AD×EF \qquad (2\text{-}1)$$

例如,在能源部门,燃料消费量可构成活动数据,而每单位被消耗燃料排放的二氧化碳的质量便是一个排放因子。

能源部门通常是温室气体排放清单中的最重要部门。在发达国家,其贡献一般占 CO_2 排放量的 90%以上和温室气体总排放量的 75%。在能源部门的温室气体排放量中,CO_2 排放量一般占总量的 95%,其余的为甲烷和氧化亚氮。因此,在碳排放交易试点机制设计时可以"抓大放小",涵盖的温室气体种类仅限于 CO_2,覆盖的碳排放来源主要是能源利用导致的碳排放,以及少量工业生产过程中的碳排放。

2.7.2　情景分析

情景分析法(Scenario Analysis)起源于 20 世纪 70 年代,在城市建设发展、农业发展、企业管理、能源需求预测、气候变化与低碳发展等众多研究领域中都有着广泛的应用。1967 年,美国学者 Herman Kahn 和 Wiener 最早对"情景"一词做出比较系统的解释。在他们的合著 *The Year* 2000: *A Framework for speculation on the Next Thirty-Three Years* 一书中,情景被认为是试图描述一些事件所假定的发展过程。这些过程描述有利于针对未来的变化而采取一些积极措施。未来是多样的,多种潜在结果都有可能实现,通向这种或那种潜在结果的路径也不是唯一的,对于可能出现的未来以及实现这种未来的途径的描述便构成了一个情景[11]。此外,国内外学者也对情景进行了不同的定义。情景的设置往往需要建立在分析以往的历史发展情况基础之上。然后对未来的发展变化趋势做进一步的合理假设,或者结合未来所预期达到的目标,分析达成

目标的可行性及途径措施。

情景分析法是通过分析系统中的驱动力以及相互联系,探究未来可能性的方法。从宏观角度来讲,情景分析是一种预测,但这种预测并不是为了准确预测研究对象未来所处的状态,而是通过探究未来发展的多种可能路径,对不同趋势条件下可能出现的状态进行考察和比较[12]。

在运用情景分析时通常需要将定性(非量化)分析和定量(量化)模拟结合起来,从不同层面对研究对象进行综合、全面的描述分析。在情景设置时一般会有一个基准情景(Business As Usual,BAU)。基准情景是根据研究对象在历史发展时期的规律、趋势外推而来。与基准情景相对应的是,具有明确研究目的的政策情景。政策情景可以根据不同的政策选项,产生多种政策情景。

对于情景分析法的步骤而言,Clemons[13]将情景的识别、构建概括为5个主要步骤:①对关键不确定性进行识别;②将识别的不确定性按重要性排序;③确定2~3个最为关键的不确定性,作为驱动性的不确定性;④根据确定的几个驱动性不确定性,生成未来的情景;⑤探究每一个情景,并针对每个情景制定相应战略。

情景分析方法非常适用于政策分析、决策支持、战略规划等领域。这些领域往往会涉及对未来发展变化情况的分析、判断,但未来的发展情况通常是复杂多变的,具有高度的不确定性,并且可能缺乏足够的数据来支持分析。情景分析本身具有较好的灵活性,既有定量分析的支持,同时也包括内容丰富的、具有想象力的、可能是不连续的定性描述,使得其可以基于关键的不确定性因素,在分析和模拟具有高度不确定性的未来时有很大优势。

在对碳排放量情景分析过程中要采用定性与定量分析相结合,对影响能源供求的客观社会经济因素和政策因素及未来可能的演变趋势着重进行定性分析。在定性的基础上对产业结构、部门生产结构和规模、消费需求进行量化[14]。在进行预测、量化时所用到的方法主要有趋势外推法、类比分析法和因果分析法,这些方法在实际应用中往往会结合使用[15]。

情景分析方法在碳排放领域主要用于分析未来的排放量变化趋势和碳减排潜力。世界自然基金会"上海低碳发展路线图"课题组[16]运用情景分析法对上海市2050年以前的碳排放量和低碳发展路线进行了研究。此外,情景分析也被广泛地运用在对国内的电力、钢铁、交通、纺织、造纸等众多行业的碳减排潜力分析上。

2.8　碳排放交易的价格形成机制与配额拍卖

在设定了碳排放交易机制总量的基础上,下一步要考虑的便是如何合理、有效地将总量予以分配。总的来讲,分配可以采取有偿和无偿两种方式。在无偿分配方式下,政府将排放配额免费发放给排放实体(试点企业)使用,可以减轻试点企业的负担,减少碳排放交易机制在建立初期的推行阻力。但是,无偿分配方式也具有明显的缺陷。从本质上来看,碳排放交易机制总量体现的是环境容量这一思想,即环境中所能容纳的温室气体排放是有限的,需要通过建立碳排放交易机制,设定排放配额总量,来控制和减少碳排放量。碳排放配额作为一种环境容量资源,当然具备稀缺性,碳配额的稀缺性使其在商品化后具有了价值,可以用于交易。然而,碳排放配额的无偿分配使得这种稀缺性难以体现。试点企业并不需要付出额外成本便可以获得大量排放配额,不利于促使企业自主减排。与之相比,在有偿分配方式下,试点企业需要支付一定的成本(配额价格)来获得配额,配额的稀缺性在企业所支付的价格中得以很好体现。从长远来看,配额价格呈现逐步上升趋势,反映了碳排放配额作为一种环境容量资源而变得日益稀缺。除此之外,有偿分配还更加公平,更具效率,可以更好地防止寻租行为的发生,同时还可以筹集一定的节能减排所需的资金。因此,从无偿分配方式逐步过渡到有偿分配方式是一个必然趋势。碳排放配额的有偿分配要有赖于一个完善的碳排放交易价格形成机制,配额拍卖则是价格形成机制中的一项重要内容。

2.8.1　价格形成机制

一个成熟的碳排放交易市场必须拥有一套完善的、多层次的价格形成机制。碳排放交易市场包含一级市场和二级市场,二级市场按照交易品种的不同又可以进一步分为现货市场和衍生品市场(如期货、期权等)。一级市场指的是由管制者,一般是相应的政府主管部门进行碳排放配额的初始分配所形成的市场。二级市场指的是各类市场主体(如排放实体、投资机构等)之间开展自由交易所形成的市场。彭江波[17]将碳排放交易市场中的需求概括为基本需求、交易需求和投机需求三种类型。一级市场主要针对的是基本需求,即满足排放实体的基本碳排放需要,同时兼顾公平性;二级市场针对的主要是交易需求和投机需求,以获得盈利或实现更灵活的减排策略为目的(图 2-4)。

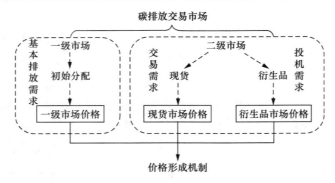

图 2-4　碳市场价格形成机制示意图

在碳排放交易市场中,一级市场和二级市场分别产生各自的价格信号,在此基础上共同构成一个多层次的碳排放交易价格形成机制。各个市场的价格信号存在内在联系,但又保持相对独立。在同一时期内,各个市场的价格变化趋势也并不一定保持完全一致。但是,从根本上讲,碳排放交易市场价格反映的是市场主体的边际减排成本。在理论上,假设碳排放交易市场是完全竞争的,市场参与者具有同质性,排放配额的总供给曲线是一条垂直于横轴的直线,配额的供给总量不随着价格的变化而变化,那么市场主体对于排放配额的需求取决于其边际减排成本[18]。当排放配额的市场价格与市场主体的边际减排成本相等时,市场主体减排的成本最低。各排放主体在自身利益的驱使下,调整自身减排水平,最终达到相等的减排边际成本,并且和碳排放交易市场价格相等。

图 2-5 显示了减排成本效率最优条件下的市场价格与边际减排成本间的关系。假设市场中只有甲、乙、丙三个交易主体,他们的边际减排曲线分别为 MAC_1、MAC_2 和 MAC_3。甲、乙、丙需要强制完成的减排量任务均为 Q,则三个交易主体减排总量为 $3Q$。Q_1,Q_2,Q_3 分别为甲、乙、丙在配额市场价格处于均衡价格 P^* 时的实际减排量,且 $3Q=Q_1+Q_2+Q_3$。

当配额价格达到均衡价格 P^* 时,边际减排成本曲线 MAC_1、MAC_2 对应的甲、乙的减排量分别为 Q_1 和 Q_2。此时,若进一步增加减排量,甲、乙的减排成本均会高于市场配额价格。因此,甲、乙会选择分别购买 $Q-Q_1$ 和 $Q-Q_2$ 数量的排放配额来完成减排任务。而对于丙,价格 P^* 对应的边际减排成本曲线 MAC_3 下的减排量为 Q_3(大于 Q)。因此,丙会选择额外减排数量为 Q_3-Q 的碳排放量,并将 Q_3-Q 数量的排放配额出售获利。由于 $3Q=Q_1+Q_2+Q_3$,所以此时供需平衡,交易得以完成。当配额价格位于 P_1(或 P_2)和均衡价格 P^* 之间时,情形类似,交易的买方和卖方都存在,但需求量 $2Q-Q_1-Q_2$ 小于(或大于)供给量 Q_3-Q,供需不平衡,配额价格会根据供需状况下降(或上升),以最终达到均衡价格 P^*。此时均衡价格 P^* 反映的便是减排成本效率最优条件下的市场边际减排成本。

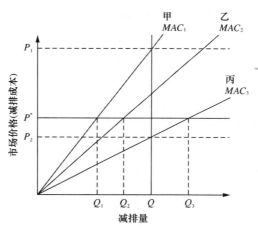

图 2-5　配额价格与边际减排成本关系

2.8.2　配额拍卖

碳市场价格形成机制的建立、完善是一个循序渐进的过程,并遵循一定的先后顺序。一级市场是二级市场的基础,现货市场是衍生品市场的基础。一级市场的价格对于二级市场的现货和衍生品价格都有着重要影响。如果一级市场的规模较小,活跃度和成熟度低,二级市场也很难以形成较大的规模。在一级市场中,配额拍卖是最主要和最有效的定价方式。通过拍卖,能够直接为市场上的碳配额提供一个明确的价格信号。

配额拍卖设计不仅仅是对配额分配方式的设计,更是对价格形成机制的设计。碳排放配额拍卖属于同质多物品拍卖,由市场主管部门提供一定数量的碳排放配额,市场交易主体在不同价格水平上提出购买意愿,最终依据一定的规则来确定成交价格。

根据确定成交价格的不同规则,碳排放配额拍卖的形式主要有静态(密封式)拍卖和动态(时钟)拍卖,静态拍卖又可分为单一价格拍卖和歧视性价格拍卖[19]。

图 2-6 是经典的拍卖供给和需求示意图。假设有 5 个竞拍主体参与到配额拍卖中,其各自的竞拍价格和竞拍数量分别为 P_1—P_5 和 Q_1—Q_5。根据竞拍的竞拍价格和竞拍数量,绘制出配额需求曲线 D,单次拍卖的配额总量为 S,配额供给曲线为 S。需求曲线 D 和供给曲线 S 的交点即为出清价格 P^*,高于出清价格的投标为成功投标,低于出清价格的投标则为失败投标。从图中来看,竞拍者 1,2 和 3 的一部分投标成功。在单一价格拍卖中,最后的成交

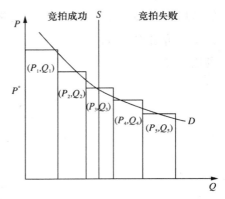

图 2-6　碳配额拍卖供给与需求示意图

价格为出清价格 P^*。在歧视性价格拍卖中,最后的成交价格为三个竞拍成功者各自的竞拍报价。而在动态拍卖中,每一轮由拍卖者给出价格,竞拍者根据价格来调整自己的投标数量,拍卖者逐轮提高或降低价格,直到投标数量和等于拍卖总量。

本章参考文献

[1]　曾鸣,杨玲玲,马向春,等.碳税与碳排放交易在中国电力行业的适用性分析[J].陕西电力,2010,(9).

[2]　蔡博峰.碳税 PK 总量控制-碳排放交易[J].环境经济,2011,(6):48-56.

[3]　阿部泰隆,淡路刚久.环境法[M].日本有斐阁,1995.

[4]　周密,王华东,张义生.环境容量[M].长春:东北师范大学出版社,1987.

［5］　田贵全.水环境容量资源的有偿使用探讨［J］.山东环境,1994,(5):6-7.

［6］　Stern N. The Economics of Climate Change:the Stern Review［M］. Cambridge,UK: Cambridge University Press,2007.

［7］　IPCC.决策者摘要［R］.政府间气候变化专门委员会第五次评估报告第一工作组报告——气候变化 2013:自然科学基础.剑桥大学出版社,英国剑桥和美国纽约,2013.

［8］　彭江波.排放权交易作用机制与应用研究［M］.北京:中国市场出版社,2011.

［9］　Nordhaus W D. Resources as a Constraint on Growth［J］. The American Economic Review,1974,64(2):22-26.

［10］　Kristin Rypdal,Newton Paciornik,Simon Eggleston,et al. 2006 IPCC Guidelines for National Greenhouse Gas Inventories, Volume 1: General Guidance and Reporting, Chapter 1: Introduction to the 2006 Guidelines［EB/OL］. http://www. ipcc-nggip. iges. or. jp/public/2006gl/pdf/1_Volume1/V1_1_Ch1_Introduction. pdf

［11］　Herman Kahn,Anthony J. Wiener. The Year 2000:A Framework for speculation on the Next Thirty-Three Years［M］. New York:The Macmillan Company,London:Collier-Macmillan Limited,1967.

［12］　罗强.低碳建设项目规划情景分析法研究［D］.武汉:华中科技大学,2013.

［13］　Clemons E K. Using scenario analysis to manage the strategic risks of reengineering ［J］. Long Range Planning,1995(6):122-123.

［14］　刘小敏.中国 2020 年碳排放强度目标的情景分析——基于重点部门的研究［D］.北京:中国社会科学研究生院,2011.

［15］　陈振明.政策科学——公共政策分析导论［M］.北京:中国人民大学出版社,2003.

［16］　世界自然基金会“上海低碳发展路线图”课题组. 2050 上海低碳发展路线图［M］.北京:科学出版社,2011.

［17］　彭江波.排放权交易作用机制与应用研究［M］.北京:中国市场出版社,2011.

［18］　托马斯·思德纳.环境与自然资源管理的政策工具［M］.张蔚文,黄祖辉,译.上海:上海人民出版社,2005.

［19］　魏一鸣,王恺,凤振华.碳金融与碳市场:方法与实证［M］.北京:科学出版社,2010.

第3章 欧盟碳排放交易体系
及其对上海的借鉴

3.1 EU ETS 发展进程

3.1.1 准备阶段

欧盟碳排放交易体系(European Union Emission Trading System, EU ETS)是世界上规模最大,并且唯一一个运行中的国家间、多行业的排放交易体系。根据《京都议定书》的承诺减排目标,欧盟 15 个成员国与 1998 年 6 月达成《负担分摊协议》(*Burden Sharing Agreement*),欧盟委员会于当年同月发布《气候变化:后京都时代的欧盟战略》报告,提出于 2005 年前建立欧盟内部交易机制。2003 年 10 月 25 日,2003/87/EC 排放交易指令生效,宣布欧盟碳排放交易体系于 2005 年起正式运行,目前共规划了三个实施阶段。

1. 第一阶段

第一阶段为试验性阶段(Learning by Doing),2005 年到 2007 年,主要为接下来的阶段进行一些必要的准备并积累经验。主要限排企业为能源生产及能源密集型行业,包括能源供应(电力、供暖等)、石油提炼、钢铁、建筑材料、造纸行业。国家分配法案(NAP)是成员国国内法层面上欧盟碳排放交易体系运行的前提。各成员国自己决定排放总量及分配给国内各管制对象的 EUA 总量后提交国家分配法案给欧盟委员会,委员会对法案进行评估,决定其是否符合 EU ETS 法令标准。

2. 第二阶段

第二阶段从 2008 年到 2012 年,是实现各成员国在《京都议定书》中减排承诺的关键时期。碳排放交易体系覆盖范围除欧盟成员国外,还包括了欧洲经济区中的冰岛、挪威和列支敦士登。这一阶段也首次考虑将航空业纳入减排体系。对于超标排放的惩罚则从第一阶段的 40 欧元/吨上升至 100 欧元/吨。

欧盟碳排放交易体系作为最大的碳排放交易市场,履行着全球近 40% 的减排任务。2008 年 7 月 9 日,欧洲议会正式通过了关于将航空业纳入 EU ETS 的提议草案(DIRECTIVE 2008/101/EC)。决定自 2012 年起,进出欧盟以及在欧盟内部航线飞行的飞机排放的温室气体均须纳入 EU ETS[1]。

3. 第三阶段

第三阶段从 2013 年到 2020 年,是欧盟碳排放交易体系的改革期,这一阶段进行的改革主要是为了解决前两个阶段中体制缺陷带来的一些问题。2013 年排放配额总量为 19.74 亿吨,之后每年下降 1.74％,至 2020 年降至 17.2 亿吨,确保 2020 年温室气体排放要比 2005 年排放水平至少低 21％。这一阶段 EU ETS 涵盖的排放量比前一阶段净增 6％左右,涵盖的行业包括化工业、制氨行业等新的工业领域;除二氧化碳、氧化亚氨排放外,电解铝行业产生的全氟化碳等也被纳入交易机制。同时体系中有关配额分配的方式和方法也产生了变化,从前两个阶段的分权模式转变为集权模式,具体表现为国家分配计划被取消,配额基于充分协调原则由欧盟委员会分配至各成员国;此外,免费发放的配额比例将逐年降低,计划至 2027 年实现全部初始配额通过拍卖方式分配[2]。

3.2 EU ETS 市场近况分析

3.2.1 全球碳市场背景

由于 2008—2009 年金融危机的影响,2011 年对于资本市场而言,仍是动荡的一年。与能源相关的商品,包括碳,在阿拉伯之春事件、福岛核电站泄漏导致的日本和德国核电站关闭事件,以及美国的 AAA 信用评级降级等一系列事件发生的背景下,出现资本波动性增加的现象。

碳市场也未能在这场经济波动中幸免,同样受到了负面影响。在作为欧盟气候政策的中坚力量、被誉为全球碳市场引擎的欧盟碳排放交易体系由于长期供应过量而出现碳价下跌的情况下,全球碳市场碳价在年底暴跌。然而即使是全球碳价下跌,在强劲的成交量增长的驱动下,2011 年全球碳市场的总价值仍呈上升状态[3]。

3.2.2 EU ETS 市场成交量和成交价格

全球的成交量上升中最主要的是欧盟配额(EUA)成交量的上升,其以核证减排量(CER)市场和新兴的减排单位(ERU)交易活动为补充,达到了 79 亿吨二氧化碳当量,价值约为 1060 亿欧元。由于欧洲年温室气体(GHG)的排放量在三年内第二次大幅降低(主要由欧盟疲弱的工业活动所导致),由套期保值和套利行为带来的成交量,在一定程度上有所增加,这也与 EU ETS 之后由于过度发放配额而导致市场上供大于求的现象相符。

2011 年,EU ETS 的总成交量比上一年同期上升了 11%,同比增长 1 223 亿欧元,这主要是因为欧盟排放配额(EUAs)、二级市场核证减排量(sCERs)以及减排单位(ERUs)的成交量增长迅猛,它们总体上涨了 20%,达 97 亿吨二氧化碳成交量。其中配额成交量占全年 EU ETS 总成交量的 81%。

配额及国际碳信用用量不断增加,结合碳市场需求低迷的格局,被部分反映在了 2008 年到 2012 年上半年观测到的碳价变化上。配额价格是受各种因素综合作用的结果,但 2009 年的经济衰退毫无疑问对碳产品价格产生了重大影响;2011 年下半年碳价跌破 10 欧元,则与配额和国际碳使用量盈余的加速积累的背景相吻合[4]。

2011 年欧盟碳市场三个资产类别全年平均价格均大幅下降,欧盟排放配额年平均价格同比下降了 4%,与之相应地,二级市场核证减排量和减排单位年平均组合价格下降了 21%。在 2011 年年初的 5 个月,欧盟排放配额价格曾一度高涨,至顶峰配额价格猛涨了 20%,这次增长一直延续到 2011 年 5 月至顶峰,之后下跌持平了所有营利后,又创新低。

3.3 EU ETS 的改革与市场发展趋势

欧盟碳排放交易体系(EU ETS)在实施过程中积累了丰富的政府和企业市场运作经验。这些经验在一定时期被反馈于欧盟委员会,为对排放机制改进提供依据。

自 2013 年起,作为排放交易体系第三阶段的一部分,EU ETS 对其排放范围与操作开展了实质性的改进,这个进程实际上已于 2012 年就已开展准备工作。

3.3.1 覆盖范围的扩增

自欧盟排放交易机制成立之初,机制就已覆盖了 5 个行业,包括能源供应(含电力、供暖和蒸汽生产)、石油提炼、钢铁、建筑材料(水泥、石灰、玻璃等)、纸浆和造纸,其中电力行业是 EU ETS 覆盖的最大排放行业。在参与排放交易体系的温室气体种类方面,欧盟碳排放交易体系至 2012 年仅涵盖二氧化碳一种。

在2013年,欧盟对其排放机制的覆盖范围进行扩展,涉及更多行业,纳入了其他种类的温室气体。具体扩展的行业与温室气体种类包括由石油化工、制氨和制铝行业产生的二氧化碳排放;由制硝酸、己二酸和羟基乙酸行业产生的一氧化二氮排放;由制铝行业产生的全氟化碳排放以及由捕获、运输和地质封存的二氧化碳排放。欧盟委员会根据这些行业特定的行业基准,对其发放免费配额。

3.3.2　初始配额的分配方式

自2013年起,欧盟委员会取消了对在EU ETS范围内温室气体排放量最大的电力行业的免费分配配额,实行全面拍卖配额的方式来分配初始配额,同时对其他温室气体排放行业,除存在显著"碳泄漏"风险的行业以外,免费分配的配额量也将被逐步淘汰,在2013年占总配额量的80%,到2020年将减少至30%,并计划于2027年最终降至零。与此相对,拍卖配额量不断增大,自2013年起,每年将有超过12亿吨配额量被拍卖,而在2011年,仅拍卖了不到1亿吨的配额量。

3.3.3　对国际碳信用补偿机制的限制

在EU ETS的第三阶段,作为对配额补充的国际碳信用使用量大量减少。据统计,在排放交易体系的第二阶段企业共使用了1400万吨核证减排量和减排单位,约占2008—2012年期间平均配额量(每年大约有2.8亿 tCO_2e)的13%。

据报道,自2009年以来,排放交易第三阶段的京都碳信用将不再是事实上的减排补充单位,其与欧盟排放配额的互换性将受到限制,具体表现为:在2013年1月1日前发放的减排用核证减排量与减排单位,必须在2015年3月31日前兑换成欧盟排放配额;在2012年12月31日前注册项目产生的减排用碳信用,在2012年以后将在排放交易第三阶段全面兑换成欧盟排放配额;在2012年12月31日后注册项目中,仅有在最不发达国家(LDC)或与欧盟已经签署了双边协议的国家注册项目产生的碳信用,自2012年后才有资格兑换为欧盟排放配额。不过,若涉及国家,在哥本哈根举行的缔约方会议中就相关事宜已经达成国际协议的,这些限制是有可能避免的。

3.3.4　交易平台登记框架的改进[5]

1. 改进的起因

在2009年和2010年分别经历了增值税(VAT)欺诈和CER回收后,EU

ETS 在 2011 年初遭遇了一波针对其登记册的基础设施的网络攻击。国家登记册中至少被盗了 300 万减排单位,约占整体排放配额量的 0.15%。黑客们可能是钻了薄弱的安全保障系统和交易执行速度的空子,使用经典的网络犯罪技术盗取了多个国家登记册账户并转移了配额。为了防止黑客们进一步攻击登记册基础设施网络,欧盟委员会在 2011 年 1 月 19 日暂停了所有登记系统。

2. 有关新交易平台交易安全的保障手段

自从 2004 年第一部注册登记法规出台以来,为应对欧盟碳排放交易体系所面临的挑战,并适应其进化,欧盟委员会已对其进行了一系列修改。目前在欧盟登记系统内进行准确核算和保证其交易完整性主要依赖以下两个法规:2010 年注册登记法规和在 2011 年 11 月通过的 2011 年注册登记法规。其对EU ETS 的第三阶段设置了新的登记册表运作规则,并补充了对 2011 年 1 月网络攻击事件做回应的修订条例(表 3-1)。

表 3-1　　　　　　　EU ETS 新交易平台交易过程安全保障手段

手段	内容
加强对开户的管理	建立强大统一的顾客验证系统,由主管部门向企业提供并认证下列文件:ID、授权书认证功率、公司登记证书、VAT 登记编号、财务报表及认证证书
加强交易安全性	二元身份验证(例如登录名和密码+短信/令牌/证书); 指定两名授权代表; 外部确认交易(如短信); 在交易开始时指定 26h 的延迟,除非确定资金转移到的账户是诚信的; 交易可以在周一至周五中部欧洲时间(CET)时间上午 10 点到下午 4 点之间,任意时间段进行; 可信账户列表; 对新的账户类别灵活使用有关交易安全措施的应用程序
加强登记监管	登记册管理员可以中止访问自己的登记表,并/或在发现安全违规或舞弊嫌疑时中断交易; 欧洲警察署(Europol)对存储在联盟登记和欧盟交易日志(EU TL)的数据有永久访问权
加强对诚信收购方的保护	交易记录隐藏配额序列号,对于由京都协议产生的减排单位,只显示国家代码和项目编号,仅有登记表管理员享有访问权限; 配额具备的全面可替代性; 不可撤销交易; 具备信用的收购享有购置补贴的权利

资料来源:World Bank,European Commission。

此外,在 2012 年,欧盟将把它的登记册操作系统完全从京都议定书下设立的国家登记册中分离出来,并通过一个单一的软件和一个单一的基础设施来对联盟登记处(UR)集中进行技术管理。

3. 交易平台登记框架的改进

欧盟独立交易日志(CITL)目前对在 27 个成员国和挪威、冰岛、列支敦士登的国家登记册账户之间发生的所有交易进行自动检查、记录,并授权与欧盟排放交易机制兼容的交易单位(欧盟排放配额、核证减排量和减排单位)(图 3-1)。

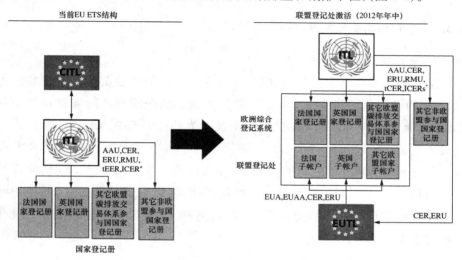

注:① CITL:指欧盟独立交易日志;ITL:指国家交易日志;EUTL:指欧盟事务日志。

　② AAU:排放分配数量单位;EUA:欧盟排放配额;CER:核证减排量;ERU:减排单位;

　　RMU:清除单位;EUAA:欧盟航空配额。

　③ tCERs 与 ICERs 指由土地利用、土地利用变化和林业(LULUCF)清洁发展机制项目产生的核证减排量(CERs)。

图 3-1　EU ETS 交易平台登记框架变化

资料来源:World Bank,European Commission,Clifford Chance,69 BlueNex。

国际交易日志(ITL)则在附件 B 所列国家的国家登记册间对京都单位(排放分配单位、清除单位、核证减排量、减排单位等)行使相同的职能。由于 EUA 目前与 AAU 相接,进而与京都单位相接,因此他们的交易也受国际交易日志的监督。联盟登记处(UR)的激活需要所有欧盟碳排放交易机制的参与者的账户从国家登记册完全迁移至联盟登记处。出于京都议定的目的,直到 2015 年国家登记册必须保持活跃并始终与国际交易日志相接。他们分别被保存在欧洲综合登记系统(CSEUR)。所有欧盟碳排放交易机制适用单位(欧盟排放配额、欧盟航空配额、核证减排量、减排单位)将在联盟登记处进行交易,并由欧盟交易日志监督,只有京都单位(核证减排量和减排单位)将受到国际交易日志管制。由每个国家的登记册管理员负责其国家所有在联盟登记处全国的账户,并管理属于其管辖范围内的 EU ETS 参与者的账户。

3.3.5 市场供需关系发展

1. 市场供需关系近况

随着第二个交易阶段开展,原本被认为是具有挑战性的配额总量却因为 2008 年的经济危机显得绰绰有余。被投入流通的配额与国际碳信用数量逐年上升,至 2011 年底,81.71 亿吨配额及作为补充的 549 万吨国际碳信用已被投入流通,在 2008 年至 2011 年期间共有 87.20 亿吨减排单位供企业收购。与之相对,2008 年至 2011 年期间经核证的排放量只有 77.65 亿吨二氧化碳当量。因此,在 2012 年初市场积累了 9.55 亿吨配额的盈余,即使去除使用国际碳信用所产生的盈余部分,市场仍有 4.06 亿吨配额的盈余。具体数据见表 3-2。

表 3-2　　　　2008—2011 年碳配额与碳信用供需状况　　　　单位:10^6 tCO$_2$e

年份	2008	2009	2010	2011	总计
供应量:发放配额量与国际碳信用用量	2076	2105	2204	2336	8720
需求量:上报温室气体排放量	2100	1860	1919	1886	7765
积累配额的盈余	—24	244	285	450	955

资料来源:Community Independent Transaction Log(CITL),European Commission。

由于市场需求减少、碳价缩水,目前的碳价格是否能够促进长期投资低碳产业的问题,备受争议,由此在这个市场上出现了一个关键挑战:由供应过剩而产生的、与当前宏观经济现象相应的需求量,同先前设定的在非常不同的市场条件下确定的供应量之间的协调。

2. 市场供需关系未来的发展趋势

由于欧盟碳排放交易体系的第三阶段具有较长的交易期(8 年)、逐年下降的排放配额总量以及相较第二阶段大幅增长的配额拍卖水平,预计能够为交易市场提供更强的价格信号。

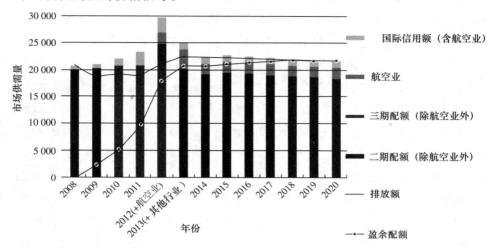

图 3-2　2008—2020 年欧盟碳市场供需量趋势

资料来源:SWD(2012)234 final。

为调整市场平衡,改善其供大于求的状况,欧盟采取了扩大涉及行业、减少发放配额量以及限制国际碳信用的使用等措施。图 3-2 为 2008—2020 年欧盟碳市场供需量趋势图,从图中可以看出,预期欧盟碳市场盈余配额的积累自 2014 年起将告一段落,然而盈余配额总量预计不会在第三阶段有显著的下降,推测 EU ETS 市场第三阶段大部分期间可能会伴有约 20 亿吨结构性过剩配额,截至 2020 年的配额盈余量幅度将在很大程度上取决于更长远的能源发展进程,如可再生能源的普及、提高能源效率的不断尝试以及经济复苏的速度。

3.4　EU ETS 的法制特征

3.4.1　总量与交易模式

1. 总量与交易模式的实施流程

欧盟碳排放交易体系的管理模式为总量与交易模式(Cap and Trade),

在每个交易阶段开始前,由欧盟委员会设定各个国家或地区温室气体的排放总量,即在排放权交易机制调控范围内,所有企业在规定期间内最大的排放限值。排放总量以排放配额总量的方式表示,每份配额代表排放一公吨温室气体的权利。设定排放配额总量后,欧盟委员会按照指令制定无偿分配或者拍卖细则,根据不同行业,参照企业历史排放及减排潜力,决定相应的分配方式,将排放配额分配给各个企业。每个企业在获得排放配额后,将根据情况选择减少排放量,将多余的排放配额拿到市场出售获取利润,抑或从市场购买不足的排放配额。企业是否减排取决于市场上配额的价格及企业本身减排温室气体的边际成本,若市场上配额的价格低于企业温室气体减排边际成本,那么企业会选择购买额外排放配额,以弥补增加的排放量;反之,若配额价格高于企业减排的边际成本,企业会努力进行减排,减少企业产生的温室气体,同时将多余的排放配额向市场出售,以赚取利润。交易日期截止时,每个企业必须向管理者上交与该段期间内实际排放的温室气体量相等的排放配额,否则将受相应处罚[6]。

2. 总量与交易模式的优势

由于在交易开始前,欧盟委员会就明确了该期间内的环境改善的目标,这使得政府、企业和公众在交易开始前对每个交易期间的环境目标有清醒的认识,政府管理者按照该目标监测企业的排放量,规范企业间的交易行为;企业按照该目标分析市场发展情况,决定是否投资于减排技术与设备的改进,或是进行排放配额的交易,所以机制能够确保交易机制实施后的环境改善效果。

3.4.2　国家分配计划(NAP)

1. 国家分配计划的意义

由于欧盟碳排放交易体系涉及成员国的实际利益,欧盟在配额分配初期采取了权力下放的办法,由成员国负责制定本国的国家分配计划,然后报告欧盟委员会,各成员国提出的排放量要符合欧盟排放交易指令的标准。在各国内部配额的分配上,虽然各成员国所遵守的原则是一致的,但是各国可以根据本国具体情况,自主决定配额在国内产业间分配的比例。因此,在国家分配计划的基础上,欧盟碳排放交易体系,某种程度上可以被看作是遵循共同标准和程序的 27 个独立交易体系的联合体。

2. 国家分配计划的内容

国家分配计划必须包括该成员国在该交易阶段计划分配的配额总额、分配给每一个排放实体的方法、新进入者参与交易机制的方法排放实体名单及分配给各个排放实体的许可数量明细表[7]。《2003 排放交易指令》附件三(Criteria for National Allocation Plans)对国家分配计划应遵守的标准进行了系统性的阐述。欧洲委员会还陆续颁布了有关实施这些原则的《2003 国家分配方案的指导意见》和《2005 国家分配方案的指导意见》,就排放配额在行业活动之间和装置之间应如何进行分配提出了意见。

3. 国家分配计划的发展与取消

在第一阶段的国家分配计划中,欧盟排放交易指令规定必须有至少 95% 的配额免费分配,剩余部分由成员国以拍卖或其他形式分配,因此,大部分国家选择的方式都是以政府免费分配为主。分配有明确的规则,先根据行业的预计产量在行业间分配额度,然后根据每个主要企业占行业排放的比例来确定对企业的分配。由于第一阶段国家分配计划过于宽松,导致总体配额供大于求,客观上抑制了减排的动力,结果实现的减排量和经济效益都非常有限。

在第二阶段,欧盟委员会收紧了对配额的总体分配,减少免费分配的比例,并加强了监督管理,欧盟委员会根据已达成排放交易指令的 12 项标准对每个成员国的国家分配计划进行了评估。

在第三阶段,前期的分权模式转变为集权模式,欧盟取消了国家对企业的二次分配,改成直接由欧盟对企业分配。

3.4.3 排放许可证与配额制度

1. 排放许可证与配额的关系

欧盟排放交易指令对温室气体排放许可证和排放配额分别做出了说明。根据指令相关规定,许可证是参与排放交易机制的企业必须持有的文件,否则不允许其排放温室气体。许可证的内容包括经营者的名称和地址、对设施活动及其排放的描述、满足 MRV 部分规定的监测计划、报告的要求以及其放弃配额时的义务[8]。

欧盟排放交易指令对"配额"的定义为"在规定的期间内排放一公吨二氧化

碳当量的一个配额。此配额只在满足本指令要求的目的下有效,并且可以在本指令相关条款下转移"。一份排放配额代表着排放一公吨二氧化碳当量,企业持有多少配额就能够排放相应数量的温室气体。

排放许可证用以责成企业必须具备监测与报告排放情况的技术和物质条件,配额指企业在得到排放许可后获得的排放额度[9]。

2. 配额的初始分配方式

欧盟碳排放交易体系的配额初始分配方式有两种,即免费分配与拍卖。2005年至2007年的第一交易阶段是欧盟排放交易机制的摸索期,是为2008年开始的《京都议定书》义务期积累经验,欧盟不承担任何量化的减排指标,因此对该期间大部分配额(95%)实行免费分配的方式,只有不超过5%的配额可以用来拍卖。在交易初期,采用免费分配配额的方式能够保证现有企业享有的历史排放权;对参与排放交易机制的企业或资产价值可能产生的负面影响进行补偿;为获得企业参与排放交易机制的政治支持[10]。

欧盟免费配额分配的初始依据是"祖父规则":污染者主要根据其历史排放量获得免费的排放权,历史排放量越高获得免费分配配额越大,历史排放量越低获得免费分配配额越小。实质上惩罚了那些本该受到奖励的、提前采取减排措施且在基准期排放量较小的企业,造成了市场不公平。欧盟委员会原本希望通过政策法令将碳排放权变成稀缺资源,在市场中形成相对稳定的交易价格。然而免费分配配额的方式却为企业带来了大量"意外收益"。这些"意外收益"主要来自于两个方面:①碳排放密集行业获取大量免费配额,构成了其无成本的金融资产,为"意外收益"的主要来源;②免费配额在不同行业和企业间的分配效应有所差异。那些可以将碳成本向外转移的企业,通过免费配额补偿已经向外转移的碳成本,赚取"意外收益"。最明显的案例就是能源企业以碳成本为理由,提高电价,将碳成本向外转移,然后通过免费配额获取了大量意外收益。从而可以看出,免费配额只能作为过渡性的措施实施,长期实行可能会使市场中碳排放交易价格难以保持稳定的状态。

相较于免费分配的方式,拍卖操作更为简单、更具经济效率,能够有效避免无偿分配所引起的特定行业获得暴利现象的发生,同时使新进入者和发展迅速的经济体与现有的行业获得同等的竞争机会。因此,从第二阶段开始,排放交易机制可以拍卖的配额比例上升至10%。然而,在实际运作中每年排放配额的拍卖额度也只达到 750 万吨,仅占总量的 4%。从第三阶段开始,20% 左右的配额可以进行拍卖,并且这一比例将逐年上升,预计到 2020 年达到 70%,至 2027 年初始配额的分配将全面采取拍卖方式,而电力行业、碳捕获、运输与储存行业从 2013 年就开始拍卖全部配额。

欧盟碳排放交易体系还为体系新进入者预留并免费分配排放配额,同时对停业的设施没收原先分配的排放配额的做法,其本意是公平对待新进入者和退出者,然而在实际实施过程中却抑制了对低碳技术的投资。新进入的碳密集设施,因为会获得比低碳设施更多的免费配额,从而新进入者没有获得足够激励去对清洁低碳技术投资。不同国家对本国新进入者给予的补贴数量也有巨大的差异,使得欧盟碳排放交易市场面临竞争扭曲的风险。另一方面,对停业设施没收原先分配的排放配额,反而会导致企业继续运转无效率的设施,以达到保留排放配额的目的。这种情况不仅对交易机制本身造成影响,还会削弱相关行业在不同国家的竞争力,不利于行业的健康发展。

3. 配额的分配过程

在 EU ETS,配额并未涉及是否构成财产权利或者是否为排污权的问题,而是通过直接规定配额与排放量的关系,将配额定为交易的标的。配额的分配过程如下。

首先,《京都议定书》对欧盟所有成员国提出总体减排水平(8%);然后,由《欧洲责任分担协议》(*Burden Sharing Agreement*)在充分考虑各个成员国经济发展的情况下规定了每个成员国具体的减排义务(参见表 3-3),相对富裕的国家承担的减排义务要大一些(如德国),而相对不富裕的国家被允许适当增加排放(如希腊);最后,通过《国家分配计划》先将该国所承担的减排义务在可交易部门和不可交易部门之间分摊,再分配减排配额到可交易部门的各个排放实体[11]。获得配额的排放实体或根据获取配额量排放,或将多余部分放到交易市场上转让,或放弃该许可,或申请注销。

3.4.4　链接指令

1. 提出《链接指令》的目的

《链接指令》的作用是将两个不同的框架体系——欧盟的排放交易机制和议定书的灵活机制连接在一起,建立这一连接的目的是为欧盟排放权交易机制内的企业提供更多的减排选择,增强欧洲温室气体排放配额市场的流动性,降低排放配额的市场价格,进而降低企业减排成本。此外,这种对接还将使很多国家不得不接受欧盟的价格来购买减排信用,有助于欧盟在今后的气候谈判中占有更多优势。据估算,随着欧盟成员国的增加,2008—2012 年《京都议定书》第一个义务期期间,排放权交易机制内企业的年守法成本将减少 20% 以上,若再利用联合履约和清洁发展机制的信用额,年减排总成本将减半。对被交易机制所涵盖的排放实体而言,机制承认基于 CDM 和 JI 项目所产生的碳信用,扩大了他们排放交易的选择范围,增强了排放许可的市场流动性,降低了排放配额的价格,减少了企业减排成本。

表 3-3　　　　　　京都议定书下欧盟及各成员国温室气体减排目标

国家	1990 年温室气体排放量/$10^6 tCO_2 e$	减排目标
卢森堡	10.9	−28%
德国	1 216.2	−21%
英国	747.2	−12.5%
瑞典	72.9	4.0%
丹麦	69.5	−21%
法国	558.4	0.0%
荷兰	211.1	−6.0%
芬兰	77.2	0.0%
比利时	141.2	−7.5%
意大利	509.3	−6.5%
奥地利	78.3	−13.0%
希腊	107.0	25.0%
爱尔兰	53.4	13.0%
西班牙	289.9	15.0%
葡萄牙	61.4	27.0%
欧盟 15 国	4 203.9	−8.0%

2.《链接指令》的主要内容

《链接指令》允许欧盟排放交易机制向其他《京都议定书》缔约国的可兼容的温室气体排放交易机制进行连接,其核心在于承认《京都议定书》项目机制产生的碳信用,允许欧盟排放权交易机制涵盖范围内的企业使用项目机制产生的碳信用来完成其减排义务。

2004年10月27日,欧盟正式通过《链接指令》,承认这些碳信用并且允许其以1EUA＝1CER＝1ERU的比例在交易机制内部进行交易,从而在欧盟范围内实现《京都议定书》三大机制的对接,从而使更多发展中国家接受EU ETS。然而,随着欧盟排放交易机制的发展及其面临的供大于求的现象,使得欧盟委员会对这两种碳信用的使用提出了诸多限制,例如:ERU在2008年1月1日前不得在欧盟排放交易机制内部使用;每个排放实体,对CER和ERU,从2008年1月1日起的使用必须限制在一定比例内;各成员国必须证明对《京都议定书》下的项目机制产生的碳信用仅作为其国内温室气体减排活动的补充等[12]。

3.5　航空业纳入 EU ETS

3.5.1　欧盟将航空业纳入 EU ETS 的原因分析

自2005年2月《京都议定书》生效之后,以实施市场机制为核心的全球碳市场蓬勃发展,已逐渐成为继石油市场之后的另一令人瞩目的新兴市场。据世界银行统计,2010年全球碳市场交易额为1420亿美元,较2005年的110亿美元增长了近12倍。其中,EU ETS的交易额由2005年的79亿美元增长到2010年的1200亿美元,年均增长72%。EU ETS占据全球碳市场中的绝对份额,2005年为71.8%,2010年为84.4%[13]。在此情况下,欧盟将民航运输也纳入EU ETS,其目的除了减少航空排放 CO_2 对气候变化的影响,通过民航运输帮助完成欧盟提出的减排目标外,还有着其他的原因。

欧盟将民航运输纳入EU ETS,在未与各国协商或谈判的情况下,以法律形式确定下来,是典型的单边、强制性环境霸权。虽然各国各界对其合理性、合法性产生怀疑,但两国之间航空运输所依据的双边航空运输协定规定,航空公司应遵从目的国法律规定,为欧盟将民航运输纳入 EU ETS 提供了属地化管辖的法律支持。欧盟将民航运输纳入 EU ETS,其中最重要的效果是可以帮助欧盟自身在全球资源和战略竞争中维护垄断利益,并最终实现经济利益最大化。欧盟发展绿色经济的实践时间长,技术水平高,国内阻力也很小,在碳减排问题日益严峻的今天,此举无疑将巩固欧盟在未来能源竞争的有利地位[14]。此外,将民航运输纳入 EU ETS 可以帮助欧盟完成部分《联合国气候变化框架公约》下的出资义务。哥本哈根气候变化大会上,发达国家承诺 2020 年前每年动用 1000 亿美元资金用于发展中国家,EU ETS 仅 2012 年拍卖 15% 的配额就可为欧盟筹集近 5 亿美元(以每吨配额 10 欧元计)。若 2013年开始拍卖比例继续提升至 50%,则 2020 年前欧盟每年筹资最多可达到 15亿美元,仅将民航运输纳入 EU ETS 的拍卖部分最多可以为其完成出资义务的 1.5%,由此足以看出欧盟极力推动将民航运输纳入 EU ETS 的强大动力[15]。就航空公司层面,仅对于减排成本,EU ETS 可降低欧盟航空公司减排成本,避免欧盟航空企业竞争力受到影响。如果只要求欧盟的航空公司加入碳排放交易机制,会增加其运营成本,在全球航空业中处于不利的竞争地位[16]。

3.5.2　欧盟将航空业纳入 EU ETS 的主要内容

将航空业纳入 EU ETS 的指令中规定了将要纳入排放交易机制的航空活动的范围、上限排放量目标、排放分配方时间表以及惩罚措施。

1. 适用范围

自 2012 年起,所有抵达或者离开《罗马条约》所适应的成员国境内机场的所有商用航班,都要被纳入欧盟排放交易系统的范围之内。该指令规定了不包括在排放交易系统内的航空活动范围,主要包括:用于国事访问、军事以及科学研究为目的飞行活动;特小载重飞机(最大起飞重量低于 5700kg);飞边远地区的航线,以及连续运输量较小(连续 3 个以 4 个月为一期的周期航班数不超过243 班次,或者年排放低于 1 万吨)的航空活动。按照这一范围的规定,我国目前飞欧盟的航空公司全部被包含在航空排放交易系统里。

2. 上限排放量目标

指令规定在试验阶段(从 2012 年 1 月 1 日到 2012 年 12 月 31 日),航空公司获得的排放配额相当于航空历史排放的 97%,航空历史排放指各相关航空公司的相关航线,在 2004—2006 年这 3 年的年排放平均数。2013 年 1 月 1 日起,相当于航空历史排放的 95%。各个航空公司可以分配到的免费配额将由基准数据和基准年的吨公里数共同决定,基准年为 2010 年。

3. 分配方案

为了达到这一上限排放目标,欧委会将对应阶段的目标排放总量按照基准线方法学,免费分配给各航空公司,这个免费配额即为航空公司允许排放量的上限。根据基准线方法学,欧盟理事会根据基准年运输量水平(吨公里数),按比例分配对应承诺期各个航空排放源的免费排放配额。航空公司不足的碳排放额采取拍卖制。2012 年 1 月 1 日—2012 年 12 月 31 日,航空公司可将拥有富余 15% 的排放额进行拍卖。自 2013 年 1 月 1 日起,航空公司能够获得的排放配额的 15% 必须进行拍卖。在 2012 年,航空公司可以利用 CERs 清洁发展机制 CDM 中的核证减排量和 ERUs 联合履约 JI 的排放减量单位来抵消最多 15% 的排放配额[17-18]。

4. 实施时间表

2010 年为分配免费配额的基准期,2012 年为试行期(第一期),2013 年之后为第二期。欧盟委员会于 2009 年 4 月发布了详细的进程安排系统时间表。能够保证 EU ETS 正常运行的重要程序就是 MRV 制度,该制度中将包括两项重要过程:运输周转量的 MRV(欧盟委员会和成员国根据航空公司提交的周转量数据监测报告,向航空公司分配每年的免费配额);排放量数据的 MRV(航空公司根据每年的排放监测报告,向欧盟上缴相应配额)。

5. 惩罚措施

根据 2003/87/EC 号指令第 16 条规定,如果没有及时提交经核实的排放报告,航空公司的注册表账户将被冻结,管理成员国主管当局可对航空器运营人采取强制措施。对于每年 4 月 30 日之前未上缴足够配额的航空公司,成员国将建立黑名单,并公布其公司名称,同时要求该航空公司支付 1 000 欧元/tCO_2e 的超额排放罚款,并从下一年免费配额中扣除。若航空公司没有遵守该指令的要求,其他强制措施也未能确保实施,其管理成员国可请求欧盟委员会做出对相关航空公司施加运营禁令的决定。各个管理成员国应在其境内执行该决定。

3.5.3 欧盟将民航运输纳入 EU ETS 体系合法性分析

1. 国际民用航空公约

据统计,欧盟航空碳排放交易制度实施后,全球 2000 多家航空公司将被强制纳入欧盟排放交易机制。这些航空公司在欧盟成员国机场起降的航班,都需要为超出免费配额的碳排放支付购买成本。据国际航空运输协会测算,此举将使航空业 2012 年增加 34 亿欧元的收入,并且这一数字还可能随免费配额的递减而逐年递增[19]。在美欧庭辩中,美国引用了《国际民航公约》(又称《芝加哥公约》)的第一条、第十五条和第二十四条,从域外效力、非歧视原则到关税来证明欧盟此举的违法性[20]。

2. 域外管辖

国家除依据领土主权享有领土管辖权外,还可能依据国际法的规定取得域外管辖权。所谓域外管辖,简言之,即一国权力的域外延伸。一国基于领土主权对其领土内的人、物或行为,除国际法公认豁免者外,有行使管辖的权力。理论上,这种权力甚至可以向外延伸至边界之外,直至他国领土[21]。在没有国际法的情况下,一国权力延伸的范围完全取决于该国的实力。然而,现实是国家领土管辖权的向外延伸必然要受到国际法的限制。一国管辖权向外延伸的过程是一个不断受到国际法固有原则和规则限制的过程,也是一个权力渐次削弱的过程。从国内层面而言,一国国内法只要符合其宪法的规定即为合法有效。因此,理论上,在不违反本国宪法规定的情况下,任何一国均可以将其国内气候变化法律和法规适用于境内外一切温室气体排放的行为[22]。在欧盟航空碳排放交易的内容中,我们可以看出,欧盟 Directive 2008/101/EC 不加区别地将指令适用于所有起飞或降落在欧盟境内机场的航班,其中包括虽然在欧盟境内降落或起飞,但是出发地和目的地并非在欧盟的航班。换言之,第三国的航空器如要在欧盟的机场起飞或是降落,就要全程遵守 Directive 2008/101/EC。这就排除了第三国航空器仅飞经欧盟领空而不在其境内降落的情况,也就是说,欧盟在计算此次航班碳排放数量时,是基于全程而非从进入欧盟成员国领空内才开始的,这就必然涉及 Directive 2008/101/EC 域外管辖的效力问题[23]。

按照习惯,国际法的"效果理论"(Effects Doctrine)认为,对于在本国领土以外的行为,如果给本国造成了实质性的影响,对该外国发生的行为本国法律具有管辖权。就航空温室气体排放而言,由于国际航班主要是在公共航行区域以及非欧盟成员国领空进行,并未对欧盟产生"实质性影响",并且国际航空运输业的碳排放量影响的也是全球的气候变化,并非只对欧盟有所谓"实质性影响"[24]。

其次,欧盟的航空碳排放交易机制能否取得域外效力,还必须考察其是否符合国际社会的共同利益。尽管气候变暖是全人类共同面对的问题,但是欧盟将国际航空纳入其碳排放交易机制是否符合国际社会的共同利益是值得商榷的。因为欧盟要求进出其境内机场的所有航班全程的碳排放量均参与交易机制,而这些航班的全程不一定都是在欧盟境内。实际上,欧盟此举并没有从国际社会的普遍利益出发,因此,进入其领空的还包括相当一部分发展中国家的航班,本来就有违国际气候法确立的基本原则,即"共同但有区别的责任原则"。从本质上来说,就是欧盟对其自身利益的考虑而实行的措施。

最后,第三国利益是否受到影响也是判断欧盟域外措施合法性的重要依据。在经济方面,无论是各大航空公司,还是个人消费者都将为此承担大量的配额购买成本[25-26]。据估计,中国民航业在2012年将向欧盟支付8700万美元配额购买成本,估计在2020年将达3.3亿美元。一旦欧盟将航空业纳入其碳排放交易机制开始正式实施,在政治和法律层面,欧盟单边将航空业纳入碳排放交易机制的措施也将侵犯其他国家的主权[27]。

3. 共同但有区别的责任原则

发达国家和发展中国家在承担环境保护减排任务的具体内容上是不同的,这主要有两方面原因:①发达国家和发展中国家在进行工业化的同时,对地球所造成的污染是有先后顺序的。发达国家进入工业化时期较早,相应地对地球造成的污染较早,而基于全球生态系统的一体化特征,发达国家在当时无异于是让发展中国家承担了它们对环境所造成的后果。②发达国家和发展中国家在致力于环境保护的资金、技术以及能力上差异巨大。发达国家经过长时期的工业化、科技化的发展,才有了今天举世瞩目的成就,无论是在经济实力还是科技实力上,都远远超过发展中国家,而在致力于环保事业的目标上,现实的经济技术能力才是可以担负这一目标实现的保证。对于"共同但有区别责任原则",在《联合国气候变化框架公约》的序言部分是这样表明的,如"注意到历史上和目前全球温室气体排放的最大部分源自发达国家;发展中国家的人均排放仍相对较低;发展中国家在全球排放中所占的份额将会增加,以满足其社会和发展需要"。欧盟航空碳排放交易机制严重违反《联合国气候变化框架公约》下的"共同但有区别责任原则"。

(1) 欧盟将航空业纳入其碳排放交易机制的 Directive 2008/101/EC,并未将发达国家和发展中国家的航空运输情况区别开来,而是将所有在欧盟领域内起降的航空器全部纳入其碳排放交易机制。发达国家和发展中国家的经济发展程度不同,技术水平存在相当大的鸿沟。尤其是航空业这样前沿高新的产业,其在对资金的投入、技术的要求、燃油的供给以及机场服务等相关配套设施的投入上都有着极高的标准。而这些标准往往是发展中国家目前经济技术水平难以达到的。

(2) 欧盟将航空业纳入其碳排放交易机制的 Directive 2008/101/EC 变相将温室气体减排的义务强加到了发展中国家身上。因为发展中国家根据《京都议定书》的减排承诺,在所有缔约方国家中是不承担强制减排义务的。而 Directive 2008/101/EC 号指令不区分国家类型将所有起降在其境内的航空器同等的纳入交易机制中,无疑是将发达国家所承担的温室气体减排任务变相转嫁给发展中国家,通过发展中国家向欧盟航空碳排放交易机制购买排放额来分担欧盟自身严苛的碳减排任务,这对发展中国家是极不公平的。从客观条件出发,欧盟颁布的 Directive 2008/101/EC 没有充分考虑有关国际气候变化的相关国际习惯法和国际条约,对于其中"共同但有区别责任原则"的部分违反了针对发达国家的"区别责任"[28-29]。

3.5.4 Directive 2008/101/EC 的影响分析

1. 国际影响

欧盟将民航纳入碳排放交易机制虽然在控制温室气体这一点上有充分的理由,但是在具体措施上却存在很多问题,比如在立法前,没有充分考虑到对其他国家的影响,排放许可拍卖获得的资金使用的透明度问题等,引起了其他国家的强烈反对。与此同时,其他国家也应该认识到欧盟此举是在减排的同时,避免自身的航空业竞争力受损。在目前欧盟的经济环境下,要 27 个欧盟成员国同意修改甚至废除该立法也不具备现实条件[30]。因此,只有通过积极谈判,发展替代机制、灵活机制兼顾双方的利益,达成双方互相体谅的合作性安排,才能更好地促进国际航空业碳减排的发展。

自欧盟将航空业纳入 EU ETS 交易机制以来,国际上对此问题的纷争不断。国际民航组织 2011 年 11 月第 194 届理事会会议明确否认了欧盟航空排放交易机制的合法性,美国国会亦通过法案禁止美国航空公司遵守欧盟法,我国国务院也于 2012 年 2 月 6 日授权中国民航总局对外宣布,禁止中国各航空公司参与欧盟排放交易机制。不可否认的是,从节能减排的角度分析,欧盟此举在一定程度上促进了航空业碳减排。但进一步分析不难发现,欧盟将航空业纳入其 EU ETS 交易机制有着更深层次的原因,其中最主要的原因是在不损害自身航空业利益的基础上,掌握未来能源之争的主动权,为自身牟利。但欧盟此种做法是未征得其他国家同意的,是典型的单边政策。目前普遍认为,欧盟将航空业纳入 EU ETS 交易机制的做法严重违反了《联合国气候变化框架公约》下"共同但有区别的责任原则",将发达国家和发展中国家统一对待,将发达国家的减排任务转移到发展中国家。

欧盟将航空业纳入 EU ETS 交易机制这一做法对各国都产生了深远的影响。对发展中国家来说,以我国为例,欧盟将我国所有航空公司都列在其交易机制中,对正处于发展阶段的我国航空业产生了不利影响,从而引起人们对出行和航空运输等的选择。针对这些潜在的影响,我国除了明令禁止我国航空公司参加欧盟航空交易外,还应积极参加有关的国际谈判,争取早日解决这一矛盾。国际方面,国际航协提出了三方面替代方案来解决这一矛盾。目前已取得了重要进展,欧盟强制推行的航空碳排放交易机制已暂停实施。未来还需要各国、各组织积极协商,发展替代机制,兼顾双方利益,争取早日达成共识,才能更好地促进国际航空碳减排的发展。

2. 对中国的影响

根据中国民航局节能减排办公室的测算,EU ETS 一旦将国际航空纳入交易体系,预计中国的航空企业至少需要支付 8 亿元;到 2020 年,支付额将超过 30 亿元,9 年时间累计约 176 亿元。2009 年 8 月 22 日,欧盟正式公布了全球所有纳入欧盟碳排放交易机制的航空公司名单,总数超过 2000 家。33 家中国的航空公司在列,其中包括国航、东航、南航三大国有航空巨头,春秋、深航等民营航空,以及国泰等香港的航空公司和多家货运航空公司[31]。

航空公司最终将把因向欧盟支付的成本部分或全部地转嫁给乘客。据初步测算,从东京飞往伦敦的单程碳排放量超过 200 吨 CO_2,这笔碳排放费用一旦被转嫁到乘客身上,经济舱票价会上涨约 40 美元。根据国际航空运输协会测算,欧盟将航空业纳入 EU ETS 交易机制将使航空业 2012 年成本增加34 亿欧元。由于欧盟设定的免费配额逐年递减,随着航空公司机队规模和航线网络的扩大,航空公司要缴纳的配额将逐年递增。根据供需关系,机票价格的上涨将抑制乘客对机票需求的增长,影响人们的出行[32]。从货物运输的角度看,伴随航空公司成本的提高,货物运输成本也必然增加,也同样会影响货物运输量。运输成本的增加还会产生连锁反应而转移到货物贸易领域,影响中国的贸易结构。这些还会影响到中国旅游观光业、交通运输业、外贸以及其他相关产业的就业与发展,给人们的生活带来负面影响。欧盟航空碳税对不同地区的航空公司影响存在差异。由于欧盟碳排放体系免费配额计算公式采取的是"祖父原则",体现在温室气体减排上就是"航空公司历史排放量越多,现在获得的免费配额也就越多",这显然对处于发展中的航空公司形成极大的限制。国际航空运输协会的有关数据亦显示,欧盟航空业碳排放交易对正在成长中的航空公司影响最大,这些航空公司多处在像中国等近年来经济发展水平提升较快的地区,而对像欧盟的航空公司而言,很多发展速度相对放缓,所受影响较小。

欧盟将航空纳入排放交易机制的做法,实质是通过排放交易机制这种市场措施,在全球推进不加区别的量化减排。根据当前国际气候变化谈判形势,欧盟等发达国家不愿继续独自承担 2012 年之后的减排义务,企图建立包括中国等发展中国家在内的新的国际减排体制。欧盟将航空纳入排放交易系统对我国产生深远的影响,彻底否定了我国民航减排谈判坚持的"共同但有区别的责任原则",给我国民航减排工作施加了很大的压力。欧盟利用其在航空减排上的优势,通过设定量化减排目标保持其经济竞争优势,将抑制我国民航运输业的长期发展[33]。

从国内应对措施的角度而言,我国首要的工作即是通过国家政策,必要时还将通过法律明确禁止国内航空公司参与欧盟航空碳排放交易机制。2012 年2 月 6 日,中国民用航空局已向各航空公司发出指令:未经政府有关部门批准,禁止中国境内各航空公司参与欧盟排放交易机制,禁止以航空减排为由提高运价或增加收费项目。此外还应积极参与与欧盟航空碳排放交易机制相关的国际谈判。国际性的问题仅仅致力于国内的应对措施是不足以完全解决的,坚持通过谈判对话的方式历来是解决国际问题的有效途径,通过谈判能够使欧盟与非欧盟国家进行充分的博弈,避免因对抗导致两败俱伤的状况。中国仍然应当在倡导"共同但有区别责任原则"下积极参与与欧盟航空碳排放交易机制相关的国际谈判和对话,积极呼吁欧盟修订航空碳排放交易机制,将发展中国家排除在欧盟航空碳排放交易机制之外[34]。

3. 对未来国际气候合作的影响

2009 年欧盟立法宣布将航空业纳入其碳排放交易机制时,立即引发巨大争议。同年,美国提起上诉。2011 年 11 月,欧洲法院裁决,欧盟的碳排放交易安排没有侵犯其他国家主权,符合国际法。2012 年初,美国、中国、俄罗斯、印度等25 个国家再次对欧盟此举表示强烈反对,并召开联合会议研究对欧盟的反制措施。但欧盟碳排放交易机制也得到了一些航空公司的支持。巴西、泰国、韩国和新加坡航空公司已经准备加入,他们支持的理由之一是,从长期看,有可能通过出售节约的配额而获益。这也显示出气候变化问题上各国利益诉求分化正在加剧,形成不同的利益集团[35]。

4. 未来发展

欧盟在决定将航空业纳入 EU ETS 体系的时候并没有和其他国家和地区协商,结果这项措施一经推出就遭到了大多数与欧盟有航空服务贸易往来国家的抵制。国际民航组织的 36 个成员国中有 26 个明确表示反对欧盟将航空业纳入 EU ETS,其中包括美国、中国、俄罗斯、印度等主要经济体。美国国会参议院和众议院表决通过禁止美国的航空公司加入欧盟的航空碳排放交易机制。中国的民航部门也发布指令,禁止中国境内的航空公司加入欧盟的这个体系[36]。

2012 年 2 月,国际航协为解决这一僵局,提出了三方面替代方案,其中包括:第一,推广生物燃料。航空业想要实现 2050 年碳的净排放量比 2005 年减少 50%,可持续的生物燃料是一个关键助力。因此,从生物燃料航班试飞成功到航空业全面使用生物燃料,需要降低价格,增加供给。第二,通过对机场航班时刻管理法则进行相关修订,使航空公司在没有运输需求的情况下不必安排航班。第三,通过单一欧洲天空计划(SES),增加空域容量,每年大约能减少 1600万吨碳排放量,实现空管成本减半。在国际航空运输协会提出的替代方案中,

"推广生物燃料"得到了普遍赞同。

目前欧盟强制推行的航空碳排放交易机制已暂停实施。欧盟希望,国际民航组织代表大会能够达成一个多边协议来解决这个问题。这个提议标志着欧盟的缓解由此引发的紧张局势迈出了重要的一步。在欧盟宣布上述表态的时候,欧盟委员会负责气候事务的委员赫泽高解释说,欧盟委员会之所以建议暂停航空碳排放收费,是因为已经有迹象表明国际层面能够达成协议来解决这个问题。事实上,直到现在,只有欧洲国家的航空公司服从了欧盟的决定。因此认为航空碳排放交易机制遭到各国的强烈抵制是欧盟重新考虑的重要原因[37]。

3.6 EU ETS 对中国及上海市碳排放交易市场建设可产生的借鉴

3.6.1 完善法规体系

在碳排放权交易的买卖双方中,卖方指拥有富余碳排放配额的企业。碳排放交易所则属于中介机构组织,向碳排放交易双方提供必要的买卖信息,促成交易,节约交易成本。虽然碳排放权交易属于市场交易,是买卖双方的自愿交易,但是主管部门同样要对其进行监督与管理。碳排放权交易法律关系的客体指卖方企业所拥有的碳排放配额。碳排放权交易法律关系的内容是指交易主体根据碳排放权交易过程中,法律法规规定其所享有的权利与义务。由于买卖双方需要签订合同,对应的权利义务可以归纳于现有的民商法框架内;又因为碳排放权人需要通过相关主管部门的行政许可才能取得环境容量的使用权,其与行政部门形成行政法律关系,因此碳排放制度也体现出公法属性。

我国构建碳排放交易市场的法律原则包括公平原则、可持续发展原则和共同但有区别的责任原则等[38]。西方学者认为大气是国际共有资源,然而在国际气候合作和减排承诺上,发达国家和发展中国家并不站在同一起跑线上,因此需有相关立法保证相对公平。中国是碳排放总量大国,但是从人均排放量来看,中国不处于世界人均碳排放前列。基于共同但有区别的责任,发达国家应对其历史排放和当前的高人均排放负责,它们也拥有应对气候变化的资金和技术,而发展中国家仍在以"经济和社会发展及消除贫困为首要和压倒一切的优先事项"。发达国家应率先减排,并给发展中国家提供资金和技术支持;发展中国家在得到发达国家技术和资金支持下,采取措施减缓或适应气候变化。

中国目前碳排放相关法律法规还极不成熟,需要制定与碳排放交易相关的法律、行政性法规、地方性法规以及政府规章等,形成一套完整的保障碳排放交易的法律体系。在构建碳排放交易市场法律制度方面,需要注重的是碳排放交易的合法性和构建碳排放许可制度。然而,以中国目前碳排放法律体系不完善为依据而放缓碳排放交易市场建设是不可取的。法律体系的完善需要框架、细条的构建和一步步的细致修改,因此想要构建完善的碳排放法律体系仍需相当长的时间。对于中国来说,试点城市碳排放交易机制和碳排放法律法规建设应该并行。碳排放交易机制运行过程中积累的相关经验对碳排放法律体系构建有很大作用,法律体系构建可参考欧盟现行的相关法律,根据中国碳排放交易背景、现状等进行修改。具体的法律关系见图 3-3。

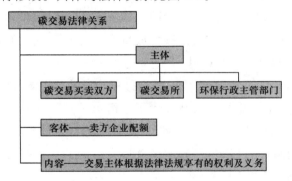

图 3-3　碳排放交易法律关系示意图

3.6.2　分权管理与集权管理

在排放总量分配上,欧盟排放贸易体系在不同阶段采取了不同的分配方式。在 2005 年到 2007 年的第一阶段和 2008 年到 2012 年的第二阶段,欧盟排放贸易体系运行的前提是国家分配法案(NAP),这是一种"地方分权"(Decentralized)的思想,欧盟市场的排放总量是各成员国允许排放量的和。同时,各成员国的 NAP 需符合欧盟 2003/87/EC 指令的标准和细则,并递交欧盟委员会审批。实际上,在欧盟排放贸易体系的第一阶段,最终欧盟委员会公布的排放总量比各国提交的配额需求量的总和减少了 2.2 亿吨[39]。而到了第三阶段,欧盟委员会取消了国家分配法案,统一设定减排总量,再根据公平协调原则将配额分配至各成员国。这一举措使碳排放交易市场具有更好的公平性,既体现灵活性又兼顾协调性。对于中国,可借鉴这种"分权"、"集权"思想。以上海市为例,可尝试上海市发改委根据试点情况确立初步的总量控制目标,上海市碳排放交易试点确立分配指标后申报发改委审批。这样一来使中央与地方可以互相约束,保障市场的公平性和灵活性。

3.6.3　扩大排放交易机制覆盖范围

《京都议定书》共定义了 6 种温室气体,即二氧化碳、甲烷、氧化亚氮、氢氟碳化物、全氟化碳和六氟化硫,而当前上海市碳排放交易管理办法草案规定的温室气体减排活动仅限于二氧化碳的排放。参与排放交易试点的单位为钢铁、石化、化工、有色、电力、建材、纺织、造纸、橡胶、化纤等工业行业中年二氧化碳排放量在两万吨及以上的重点排放企业,以及航空、港口、机场、铁路、商业、宾馆、金融等非工业行业中年二氧化碳排放量在 1 万吨及以上的重点排放企业。可以看出,其主要是以温室气体排放量来选择哪些行业活动应加入排放交易机制,以碳排放规模大、强度高或增长快的行业为重点,对鼓励行业与非鼓励行业、现有企业和新增企业区别对待。为了上海市碳排放交易市场的繁荣发展,建议逐步扩大其交易范围与适用温室气体种类,这样才能提供更丰富的减排机会,降低企业减排成本,稳定市场,实现减排资源的最优分配,最大程度上减少温室气体的排放。

3.6.4　逐步增加拍卖配额比例

拍卖配额是一种操作简单且具有经济效率的分配方法,它可以增加分配过程的透明度,避免无偿分配所引起的特定行业获得暴利现象的发生,同时使新的市场准入者和发展迅速的经济体与现有的装置获得同等的竞争机会。试点初期采用免费分配方式的目的是为引进企业,建立市场,规避风险所做的一种措施,随着制度的成熟和完善,并考虑到对市场新进入者的公平性问题,拍卖将逐步成为配额分配模式的主要发展方向。然而拍卖分配会增大企业支出,从而导致某些企业可能逃避碳排放交易市场或参与碳排放交易积极性下降等,考虑到中国近期的国情以及中国目前并不承担强制减排义务,碳排放交易市场建设不完全等情况,在配额分配上建议还是按照欧盟的初期阶段,主要采取免费配额分配。不过,可以对一些国有企业,如电力行业等垄断性较强且不参与国际竞争的行业进行试点,扩大拍卖配额的比例。

3.6.5　明确交易平台

在不承担《京都议定书》强制减排目标的前提下,中国现阶段不可能像欧盟排放贸易体系建立严格的总量配额交易制度,应仍以鼓励企业自愿参与减排为主。交易平台的建设方面,不应放弃对 CDM 平台的建设。目前由于 CDM 市场行情的低迷,CDM 项目的交易开发已陷入低潮。CDM 政策对话高级专家组,在其 2012 年提交的报告 13 中概述了从专家组的研究发现和利益攸关方的意见咨询中收集到的信息以及专家组的结论,认为宽松的减排目标无法有效激励对发展中国家进行国际投资并采取相应的行动,而已制定减排目标的国家并未将实现目标与使用 CDM 联系起来,相当多的政策制定者和气候倡导者对诸如 CDM 等工具继续存在的价值产生了质疑。报告强调,为了当下能给发展中国家带来碳市场的收益,必须采取措施建立更加稳健的 CDM,明确建立全球碳市场的政治共识,促进国际气候合作。我国应在完善 CDM 机制的基础上,进一步开发碳金融相关产品,利用市场机制带动实际的节能减排。当前及未来的一段时间内,国内各试点省市交易平台建设的重中之重就是推进国内碳试点交易机制的建设以及中国核证减排量(CCER)的发展。

3.6.6　开发统一交易系统和清算平台

国外的碳排放交易市场大多有统一的交易系统和清算平台,确保碳排放交易的开展。我国在碳市场试点和建设过程中,在参考国外碳排放交易市场的交易系统上可开发适合我国碳排放交易现状的交易系统,推广应用于所有的试点市场,使各个碳市场间的连接更统一。在清算方面,使用统一的清算流程和办法,有利于规范我国的碳市场建设。

3.6.7 严格监管体系

我国的碳排放交易虽然目前主要还是建立在自愿减排的基础上,但是政府相关主管部门仍需进行有效严格的监督管理。硬件方面监测技术设施的开发利用不足,软件方面则缺乏具体的检测标准,交易审批程序不够具体和完善,交易主体资格审查制度、公开制度不健全等[40]。为使监督管理的可操作性更强,应加强监测技术措施的开发,对于监测、交易审批的相关标准和程序进行修改和完善,建立更加具体可行的监管制度。

3.7 本章小结

随着国际碳排放权交易市场的产生和运行,二氧化碳排放权的交易日趋成熟。而除了达到碳减排的目的,碳排放交易实际上为日本和欧美等发达国家及地区获得了显著的环境和经济效益。国内的碳排放权交易试点工作也正在开展中。对于中国来说,虽然尚不承担强制性减排目标,但为了节能减排,积极发展低碳经济,在减缓气候变化方面需要更加具体完善的举措,尽早建立温室气体减排相关政策和碳排放交易相关的法律法规,为碳排放交易市场的发展提供法律依据。

与国外相比,国内的碳排放交易市场还面临很多技术和法律上的不完善。欧盟排放贸易体系的三阶段发展过程,展示了欧盟排放贸易体系体制上的改进,对我国碳排放交易发展有很大的借鉴作用。在各地区碳排放试点基础上,我国可以尝试从分权向集权转化,像欧盟排放贸易体系一样,逐步建立全国性的碳排放交易市场,从而形成统一的交易平台。在全国性碳排放交易市场建立后,逐步实施与欧盟排放贸易体系的对接。法律方面,我国需要制定及完善与碳排放交易相关的法律、行政性法规、地方性法规以及政府规章等,形成一套完整的保障碳排放交易的法律体系。除了借鉴他国经验,在碳排放交易工作开展过程中,一定要注意根据实践过程,及时完善相关制度法规,立足于中国国情,提出最适合中国的碳排放交易发展模式。

我国的碳排放权体系的构建将是一系列的市场建设、产品设计和制度完善来逐步完成的,这个过程是自愿减排市场向强制性配额市场的过渡,需要在试点推进过程中,根据我国国情和发展战略,在短期增长和长期发展中找到平衡点,探索我国特色的强制减排机制,在经济稳定增长的同时实现战略结构调整和产业竞争力的提升。通过全国统一的碳排放交易机制的成立与完善,推动低碳金融的发展,参与未来国际金融格局和货币体系的重建。

由于上海市碳排放交易机制成立的背景与其由政府引导强制减排逐渐向自由碳排放贸易市场发展的规划与展望,与欧盟推进其碳排放交易机制的进程相一致,欧盟碳排放交易机制对上海市碳排放交易机制试点的建立有丰厚的经验总结与引领作用。虽然上海市已出台上海市碳排放交易管理办法(草案)、温室气体自愿减排项目审定与核证指南、清洁发展机制项目运行管理办法以及中国温室气体自愿减排交易活动管理办法等法律规范,但是仍不足以长期维持碳排放交易市场的运行。建立一套完善的碳排放交易机制不仅需要大方向的指导与定位,大框架的建立,更需要各种规则、细则的堆砌,来保证市场的公正、透明与健康发展,最终开拓一个欣欣向荣的交易平台。中国碳市场建设完善的基本步骤见图3-4。上海市碳排放交易平台正是欠缺这样的细则,而欧盟碳排放交易机制中各种指令条款不但面面俱到,且随时间与碳市场发展不断进化完善。因此,欧盟碳排放交易机制的发展过程对于上海市碳排放交易市场的建立不失为一个巨大的资源,应当加以深度的研究与引用。与此同时,应注意上海市的情况与欧盟不尽相同,其中指标体系的建立、参数的选择以及语言结构均需不断从实践中总结,进行修改与完善。

图 3-4 中国碳市场建设完善基本步骤图

欧盟碳排放交易机制相关法律规则也不仅仅是大量细则的堆砌,这其中更体现了一种思维方式。欧盟的规则在制定过程中并未将所有的数据或细节全部定下来,但这些未完成的决定也被以指引的形式写入指令中,使得这些规则更为灵活,更为有效地应对了碳排放交易市场的变化及需求,与其一同成长完善。

欧盟碳排放交易机制也有其不公平、不完善的地方。目前普遍认为,欧盟将航空业纳入 EU ETS 交易机制的做法严重违反了《联合国气候变化框架公约》下的共同但有区别的责任原则,将发达国家和发展中国家统一对待,将发达国家的减排任务转移到发展中国家。对发展中国家来说,以我国为例,欧盟将我国所有航空公司都列在其交易体系中,对正处于发展阶段的我国航空业产生了不利影响,从而引起对人们出行的选择、航空运输等多方面的影响。针对这些潜在的影响,我国除了明令禁止我国航空公司参加欧盟航空交易外,还应积极参加有关的国际谈判,争取早日解决这一矛盾,国际方面,国际航协提出了三方面替代方案来解决这一矛盾。目前已取得了重要进展,欧盟强制推行的航空碳排放交易机制已暂停实施。未来还需要各国、各组织积极协商,发展替代机制,兼顾双方利益,争取早日达成共识,才能更好地促进国际航空碳减排的发展。

值得一提的是,在减排的同时,苛求经济的持续快速增长是不实际的,温室气体减排初期必将在一定程度上影响上海市的生产与发展,但这无法否认碳排放交易机制是结束当下中国掠夺式经济模式,实现长远利益的有效市场解决手段。基于这样的考虑,即在建立完全、健康长久的碳排放交易市场以减少全球温室气体,改善人类生存环境的前提下,最大限度地规避社会经济增长缓慢甚至倒退的风险,EU ETS 的成立与发展过程对于上海市建立碳市场面临的种种困难有着巨大的借鉴与指引作用。

本章参考文献

[1] Nantke H J. Emissions trading in aviation[J]. Carbon Management,2011,2(2):127-134.

[2] 赵霞,朱林,工圣.欧盟温室气体排放交易实践对我国的借鉴[J].环境保护科学,2010,(1):58.

[3] World Bank. State and Trends of The Carbon Market 2012[R]. Washington D

C,2012.

[4]　European Commission. Report from the Commission to the European Parliament and the Council- The state of the European carbon market in 2012[R]. Brussels,2012.

[5]　World Bank. State and Trends of The Carbon Market 2012[R]. Washington D C,2012.

[6]　付璐.欧盟温室气体排放交易机制的立法研究[D].武汉:武汉大学,2010.

[7]　李布.借鉴欧盟碳排放交易经验构建中国碳排放交易体系[J].中国发展观察,2010, (1):55-58.

[8]　焦小平,毛洋,涂毅.欧盟排放交易体系[M].北京:中国财政经济出版社,2010.

[9]　王伟男.欧盟排放交易机制及其成效评析[J].世界经济研究,2009,(7):68-73.

[10]　付璐.欧盟温室气体排放交易机制的立法研究[D].武汉:武汉大学.2010.

[11]　陈赵杰.欧盟排放交易机制及其对中国的启示[D].广州:广东外语外贸大学,2009.

[12]　John Wood. The Carbon Trading Market: Kyoto Project Credits In The EU Emissions Trading Scheme[J]. The Banker,2006,7,(1):20.

[13]　黄小喜.国际碳排放交易法律问题研究[D].长沙:湖南师范大学, 2012.

[14]　Vespermann J, Wald A. Much Ado about Nothing? -An analysis of economic impacts and ecologic effects of the EU-emission trading scheme in the aviation industry[J]. Transportation Research Part a-Policy And Practice 2011, 45, (10):1066-1076.

[15]　黄小喜.国际碳排放交易法律问题研究[D].长沙:湖南师范大学, 2012.

[16]　Steven M, Merklein T. The influence of strategic airline alliances in passenger transportation on carbon intensity[J]. Journal of Cleaner Production 2013,56:112-120.

[17]　Anger A, Koehler J. Including aviation emissions in the EU ETS: Much ado about nothing? A review[J]. Transport Policy,2010,17(1):38-46.

[18]　Chin A T H, Zhang P. Carbon emission allocation methods for the aviation sector[J]. Journal Of Air Transport Management,2013,28:70-76.

[19]　Vespermann J, Wald A. Much Ado about Nothing? - An analysis of economic impacts and ecologic effects of the EU-emission trading scheme in the aviation industry[J]. Transportation Research Part a-Policy And Practice,2011, 45(10):1066-1076.

[20]　Bogojevic S. Legalising Environmental Leadership: A Comment on the CJEU'S Ruling in C-366/10 on the Inclusion of Aviation in the EU Emissions Trading Scheme[J]. Journal of Environmental Law, 2012, 24(2):345-356.

[21]　李伟芳.航空业纳入欧盟碳排放交易体系之合法性分析[J].政治与法律,2012,(10):

98-107.

[22] 陈和,吕洪业.欧盟航空减排的域外效力及其影响[J].生产力研究,2012,8:65.

[23] 胡晓红.欧盟航空碳排放交易制度及其启示[J].法商研究,2011,(05):145-151.

[24] 段一帆.欧盟航空碳排放交易机制的法律分析[D].湘潭:湘潭大学,2013.

[25] Steven M, Merklein T. The influence of strategic airline alliances in passenger transportation on carbon intensity[J]. Journal of Cleaner Production,2013,56:112-120.

[26] Blanc E, Winchester N. The Impact of the EU Emissions Trading System on Air Passenger Arrivals in the Caribbean[J]. Journal of Travel Research,2013,52(3):353-363.

[27] Scheelhaase J, Grimme W, Schaefer M. The inclusion of aviation into the EU emission trading scheme - Impacts on competition between European and non-European network airlines[J]. Transportation Research Part D-Transport And Environment, 2010,15(1):14-25.

[28] 晋海,颜士鹏.欧盟航空碳排放权交易机制评析及中国的应对[J].江苏大学学报(社会科学版),2012,(05):18-23.

[29] 杨涛,李艳梅.航空运输业碳排放交易机制的理论研究[C].2010中国环境科学学会学术年会,中国上海,2010.

[30] 刘萍.国际航空碳排放全球机制的构建[J].法律科学(西北政法大学学报),2013,(04):148-155.

[31] 张志慧.欧盟航空碳排放交易指令的挑战及其对策[D].连云港:大连海事大学,2013.

[32] 刘畅.碳排放规制对中国航空贸易的影响研究[D].哈尔滨:哈尔滨商业大学,2013.

[33] 那春立.欧盟排放交易体系对我国民航业发展的影响及应对措施研究[D].长春:吉林大学,2013.

[34] 晋海;颜士鹏,欧盟航空碳排放权交易机制评析及中国的应对[J].江苏大学学报(社会科学版)2012,(05),18-23.

[35] Scheelhaase J, Grimme W, Schaefer M. The inclusion of aviation into the EU emission trading scheme - Impacts on competition between European and non-European network airlines[J]. Transportation Research Part D-Transport And Environment 2010,15,(1),14-25.

[36] Domingos N D P. Fighting climate change in the air: lessons from the EU directive on global aviation[J]. Revista Brasileira De Politica Internacional 2012,55,70-87.

［37］ 郝海青.欧美碳排放权交易法律制度研究[D].青岛:中国海洋大学,2012.

［38］ 庄大雪.试论低碳经济背景下的碳排放权法律问题思考[J].科技创新与应用,2012,(23):117.

［39］ 彭峰,邵诗洋.欧盟碳排放交易制度:最新动向及对中国之镜鉴[J].中国地质大学学报(社会科学版),2012,(5):41-47.

［40］ 杨锦琦.浅析完善我国碳排放交易市场建设的路径选择[J].科技广场,2012,(10):185-191.

第4章　国际上其他的碳排放交易体系

4.1　美国东北部区域温室气体行动计划

美国东北部区域温室气体行动计划(The Regional Greenhouse Gas Initiative,RGGI)是美国第一个温室气体强制减排交易机制,也是美国区域温室气体减排机制中最为人们所熟悉的。RGGI 由美国东北部和中大西洋区域的 10 个州组成,分别为康涅狄格州、特拉华州、缅因州、马里兰州、马萨诸塞州、新罕布什尔州、新泽西州、纽约州、罗得岛州与佛蒙特州。在布什政府宣布退出《京都议定书》后,美国国家层面的温室气体减排陷入困境,而以 RGGI 为代表的一系列区域性温室气体减排机制显示出了美国国内各州减少温室气体排放和应对气候变化的决心。

RGGI 最早由前纽约州州长乔治·帕塔基于 2003 年提出。2005 年 12 月 20 日,康涅狄格州、特拉华州、缅因州、新罕布什尔州、新泽西州、纽约州和佛蒙特州等 7 个州签署了 RGGI 备忘录(Memorandum of Understanding,MOU),并确定了 RGGI 基本规则的框架。2006 年,备忘录签署方颁布了 RGGI 的基本规则(Model Rule),详细规定了 RGGI 的各方面内容,并且作为各州制定州内规则和具体实施的基础。2007 年,早期参与过 RGGI 发展的马萨诸塞州和罗得岛州也签署了备忘录,此后,马里兰州也宣布加入 RGGI。

RGGI 从 2009 年 1 月 1 日起开始实施,一共分为两个阶段:第一阶段从 2009 年到 2014 年,第二阶段从 2015 年到 2018 年。RGGI 采用限额交易机制,规定到 2018 年,10 个州电力部门的温室气体排放量要比 2009 年减少 10％。2009 年总的预期排放量为 1.88 亿吨,由每个州的预期排放量相加而得。为了给各州提供足够的适应时间,RGGI 的减排目标将分两个阶段完成,第一阶段只需维持现有排放水平(1.88 亿吨),第二阶段开始每年减排 2.5％,4 年总计 10％。与其他强制减排机制不同,RGGI 只选择电力部门参与减排,涵盖了区域内 200 多个装机容量超过 25MW 的火力发电设施,这些设施的排放量约占区域内发电设施排放总量的

95％。各州的预期排放量及涵盖设施情况见表 4-1。

表 4-1　　　　　　　　　RGGI 各州预期排放量及涵盖设施情况

州名	CO$_2$预期排放量/t	所占区域排放上限的比例	涵盖设施数量
康涅狄格州	10 695 036	5.69％	18
特拉华州	7 559 787	4.02％	8
缅因州	5 948 902	3.16％	6
马里兰州	37 503 983	19.94％	17
马萨诸塞州	26 660 204	14.18％	28
新罕布什尔州	8 620 460	4.58％	5
新泽西州	22 892 730	12.17％	39
纽约州	64 310 805	34.19％	80
罗得岛州	2 659 239	1.41％	6
佛蒙特州	1 225 830	0.65％	2
总计	188 076 976	100％	209

　　拍卖是 RGGI 的主要分配方式,另外还有固定出售和从州账户中直接分配两种方法,但是后两种分配方式所占比例非常低,不到10％。RGGI 规定,至少25％的配额要进行拍卖,其余75％由各州自行决定分配方法。而实际分配过程中,各州提出的拍卖比例达到了 90％左右,有的州甚至实行100％拍卖。目前为止,在世界范围内,各个国家地区建立碳排放交易机制时,普遍选择免费分配排放配额为主的方式,在此基础上再逐步提高配额有偿分配的比例。相比之下,RGGI 采取了较为大胆和激进的配额分配方式,是唯一一个几乎将所有排放配额以拍卖的形式来分配的交易体系。

　　拍卖每 3 个月举行一次,每个发电设施可以购买任何一个参与州的碳排放配额,通过这种方式,10 个参与州的分散市场连接成了一个协调、统一的区域性市场。拍卖采用的具体形式为单轮密封投标、统一价格成交的形式。每个竞拍者可以以特定的价格对特定数量的配额进行投标。参与竞拍的主体除了直接受排放管控的发电实施外,符合相关规定的其他非控排实体也可以参与。为了避免出现市场操纵行为,在单位拍卖中,单个竞标者的竞买量不能超过该轮拍卖总量的 25％。

　　相较于免费分配排放配额,对配额进行拍卖可以为政府带来可观的拍卖收入。由于 RGGI 几乎将所有的配额都进行拍卖,相应的拍卖收入使用便是一个非常重要的问题。在 RGGI 运行的第一个履约期内,由配额拍卖和出售带来的收入达到 9.52 亿美元[1]。RGGI 规定拍卖所得要投资于规定的项目,从而提高能效、支持可再生能源(如太阳能、风能等技术)的发展、减少温室气体排放以及帮助消费者控制能源成本等。在实际执行过程中,拍卖所得收入的用途也非常多样,包括提高能源使用效率,促进基于社区的可再生能源发电项目,资助低收入消费者支付电费,资助相关教育和职业培训项目以及补充州立基金等。图 4-1 为 2012 年 RGGI 所涵盖各州拍卖总收入的使用情况。

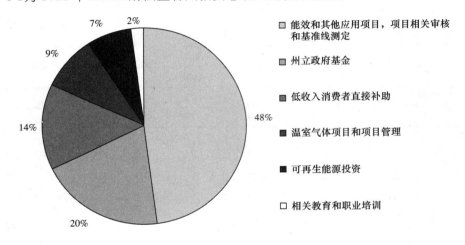

图 4-1　2012 年 RGGI 配额拍卖总收入使用情况

资料来源:International Emission Trading Association。

RGGI 允许购买一些减排项目所产生的配额,但抵消项目的配额总量一般不超过 3.3%,而且只局限于美国本土。抵消项目类型包括建筑行业消费侧能源效率提高、造林碳汇、发电行业六氟化硫减排、堆填区气体捕捉与燃烧、农业粪肥管理中的甲烷捕捉与燃烧等。除了限制项目类型,RGGI 还就抵消项目的其他诸多方面作出规定,因此,抵消机制的实际适用范围非常有限。

RGGI 以 3 年为一个履约周期,相比于受控排放体每年都进行履约,这种规定可以有更大的灵活性。同时,这个履约周期也不是固定不变的。RGGI 引入了一个触发价格机制(a trigger price mechanism),在某些情况下可以延长履约的期限。具体来讲,当一段时期(前 12 个月)内的配额滚动平均价格超过了设定的触发价格,则履约期限向后顺延一年。在 2005 年,触发价格为 10 美元每吨配额,触发价格随着通货膨胀率逐年上升。

此外,为了使参与减排计划的企业、个人等能够确实有效地达到减排目标,芝加哥气候交易所采用会员制度,将有意出售或购买剩余减排额的企业、个人、清算机构、市场流通部门纳入统一的分级会员制度,有助于碳排放交易的有序进行。

4.2 美国加利福尼亚州碳排放交易机制

加利福尼亚州位于美国西海岸。如果将加州视为一个独立的经济体,其经济总量在 2011 年位列全球第九,温室气体排放总量则位列全球第十二。为了切实控制温室气体的排放,2006 年 9 月 27 日,时任加州州长的阿诺德·施瓦辛格签署了州议会法案"2006 全球变暖解决方案法"(The Global Warming Solutions Act of 2006, Assembly Bill 32,以下简称 AB 32)。2008 年,加州空气资源委员会(California's Air Resources Board, ARB)明确加州将采取的控制温室气体排放的措施。这些措施包括:① 加强建筑、设备领域的能效措施,提高能效标准;② 至 2020 年可再生能源发电的比例要达到 33%;③ 促进森林的保护;④ 制定交通领域的碳排放控制目标,制定相应的机动车排放标准;⑤ 提高货物运输效率;⑥ 减少制冷剂泄露排放;⑦ 实施低碳燃料标准;⑧ 建立一个覆盖多行业的碳排放总量控制和交易体系,并同西部气候行动(Western Climate Initiative, WCI)的其他成员地区的碳排放交易体系相互链接。2013 年,加州碳排放体系正式启动,覆盖了加州州内总排放的 50%,并将会进一步扩大。加州碳排放交易体系正式和加拿大魁北克碳排放交易体系相互链接。

4.2.1 减排目标与总量设置

加州的减排目标是将 2020 年的排放量稳定在 1990 年的排放量水平上。实现这一目标的重要途径之一就是建立碳排放交易机制。加州的碳排放交易体系建设分为三个阶段:第一阶段为 2013—2014 年,第二阶段为 2015—2017 年,第三阶段为 2018—2020 年。第一阶段将覆盖来自电力、大型工业(如炼油、天然气等)的温室气体排放。纳入覆盖范围的排放量标准是年排放量达到 25

000 吨碳当量及以上。在第二阶段也就是 2015 年之后,交易体系覆盖的排放量将会达到加州温室气体排放总量的 85% 以上。

在排放配额总量设置方面,2013 年加州空气资源委员会制定的当年配额总量为 1.628 亿 tCO_2e,这和当年交易体系覆盖的排放量相当。2013 年至 2015 年期间,配额总量将以年均 2% 左右的幅度减少。2015 年,由于交易体系覆盖范围的扩大,配额总量将增加 2.35 亿 tCO_2e,在此之后将每年减少 1 200 万 tCO_2e 的排放配额。这将使得每年的排放量减排比例从 2016 年的 3% 逐渐增加至 2020 年的 3.5%。

表 4-2　　　加州碳排放交易体系 2013—2020 年各年度配额总量

阶段	年份	配额总量/$10^4t\ CO_2e$
第一阶段	2013	16 280
	2014	15 970
第二阶段	2015	39 450
	2016	38 240
	2017	37 040
第三阶段	2018	35 830
	2019	34 630
	2020	33 420

资料来源:International Emission Trading Association。

4.2.2　配额的分配与拍卖

在各年度配额总量(CAP)确定的情况下,如何将排放配额进行分配显得十分重要。在实际情况中,配额的分配方式会影响减排成本以及成本在受控实体、消费者及其他受影响的实体单位之间的分配。加州空气资源委员会采取免费分配和拍卖相结合的方式。配额分配依据的原则包括:①确保市场环境秩序稳定,减少碳排放泄露发生,积极鼓励企业参与碳排放交易;②有利于市场保持一定的流动性;③减少对个体终端消费者的影响,尤其是对低收入消费者的影响;④促进低碳领域的投资,包括低碳技术和低碳燃料等;⑤避免因配额发放带来的大量"意外之财"(Windfall)。

具体来讲,配额分为三部分:①直接免费发放的配额,即 ARB 将配额直接分配给受控实体;②价格控制储备配额,主要用于对市场价格的调控,其所占配额总量的比例逐年增加,2013—2014 年度,价格控制储备配额占总预算配额的1%,2015—2017 年度,价格控制储备配额占总预算配额的 4%,2018—2020 年度,价格控制储备配额占总预算配额的 7%;③拍卖配额,通常为当年配额总量的 10%,若拍卖后仍有剩余,剩余配额也将进入拍卖配额预算。

ARB 对于可以参与配额拍卖的主体资格限制比较宽松,受控排放实体(Covered Entity)、选择性受控排放实体(Opt-in Covered Entity)、相关自愿性排放实体(Voluntarily Associated Entities)以及其他注册机构(other Registered Participants)均可参与配额拍卖。

配额拍卖按季度举行,每季度一次。表 4-3 列出了 2013 年度加州碳排放交易体系配额拍卖的时间安排。

表 4-3　　　　　2013 年加州碳排放交易体系各季度拍卖计划安排

寄售申报截止	拍卖通知发布	拍卖申请截止	拍卖日期
2012-12-06	2012-12-21	2013-01-22	2013-02-19
2013-03-04	2013-03-18	2013-04-16	2013-05-16
2013-06-03	2013-06-17	2013-07-17	2013-08-16
2013-09-05	2013-09-20	2013-10-21	2013-11-19

资料来源:加州碳排放交易体系之拍卖机制解析,能源与交通创新中心,2013。

拍卖会采取一轮竞标、密封投标的方式,投标的配额数量必须是 1000 吨的倍数。拍卖设置拍卖底价,最终竞标价格必须高于或等于拍卖底价。拍卖底价设置为每吨 10 美元,并在之后按每年 5%加上上一年的通胀率保持上浮。

未售出的或剩余的配额则将被退回到拍卖持有账户(Holding Account),当后续有两次连续拍卖会的最终竞价高于预留价格时,这些剩余配额将会重新分配进行拍卖,但每次重新分配的量不能超过当次拍卖配额量的 25%;剩余配额在拍卖中仍没有售出的,打回原持有账户,ARB 的拍卖配额则留在拍卖持有账户中等待下次拍卖。

拍卖的流程具体分为 7 个步骤[2]。

第一步,申请参加拍卖。拍卖管理部门在距拍卖之日 60 天前发布拍卖申请通知,欲参加拍卖的单位需在拍卖前 30 天完成申请。

第二步,参加拍卖会前期活动(非强制,自愿参加)。ARB 和拍卖会管理部门将会在每次拍卖会前,以公开的远程电话或网络形式举办投标者会议以及拍卖培训会,讨论拍卖会的具体形式、申请流程、拍卖会程序和要求、拍卖平台的操作步骤等。相关培训资料也将放在 ARB 网站上,供参考和使用。

第三步,交纳投标保证金。投标单位需在规定的截止日期前,将保证金提交金融管理部门,金融管理部门将代表 ARB 接受和维护所有投标保证金。

第四步,接收拍卖确认函。ARB 核实申请单位的参与资格后,所有拥有有效 CITSS 账户的主账户代表(PAR)和备用帐户代表(AARs)都将收到一封电子邮件通知,确认是否可以参加拍卖。

第五步,参加拍卖会。每次拍卖会通常历时 3 个小时,在此期间内,投标者可将投标明细,包括竞拍配额的年份、数目以及价格等,在线提交。在拍卖窗口关闭前,投标者的出价次数没有限制,并有权更改或撤销投标明细。投标过程通常受底价限制、保证金限制、购买额度限制和持有额度限制。

第六步,拍卖结果。拍卖结束后,拍卖结果公告将公开发布于 ARB 网站上,各投标者的投标结果将通过邮件发送至各账户。

第七步,金融结算。金融结算将在 ARB 确认拍卖结果后,由金融服务部门进行。

4.2.3 配额的持有和履约

每个交易体系中的受控实体都拥有两个账户,一个配额履约账户(Compliance Account)和一个配额持有账户(Holding Account)。处于履约账户中的配额不能用于买卖交易或是转移到其他账户或实体中。一旦配额进入到履约账户中,配额便只能用于最后的履约。而持有账户中的配额则可以由受控实体自由支配,如进行交易等。

加州碳排放交易体系的配额履约规定也较为有自身特色,加州碳排放交易体系分为 3 个阶段,在每个阶段内,受控实体最少只需清缴上一年度排放量 30% 的配额数量即可。余下的未足额提交的排放配额可以在本阶段结束、完成排放量第三方核查之后再一并予以清缴。这样,既保证了受控实体在各阶段内的履约具有一定的灵活性和自主性,同时又确保了交易体系总控排目标的顺利完成。为了更好地说明加州配额履约规定的特点,假定某受控实体在参与碳排放交易期间(2013—2020 年)每年的温室气体排放量保持在 $100tCO_2e$ 不变,各阶段内每年按照规定要求只提交最少的排放配额,则受控实体在整个过程的中配额履约情况如表 4-4 所示。

表 4-4　　　　　　　假定受控实体配额履约过程示例

配额履约阶段	年份	年度排放放量/tCO₂e	最低限度配额清缴义务	当年度实际清缴配额数量/tCO₂e	累计清缴配额数量/tCO₂e	累计排放量/tCO₂e	已完成合规年份
第一阶段	2013	100	—	0	0	—	2013
	2014	100	2013 年度排放量的 30%	30	30	100	2013
第二阶段	2015	100	剩余 2013 年度排放量,2014 年度排放量	170	200	200	2013,2014
	2016	100	2015 年排放量的 30%	30	230	300	2013～2015
	2017	100	2016 年排放量的 30%	30	260	400	2013～2016
第三阶段	2018	100	2015—2017 年剩余排放量	240	500	500	2013～2017
	2019	100	2018 年排放量的 30%	30	530	600	2013～2018
	2020	100	2019 年排放量的 30%	30	560	700	2013～2019
	2021	—	2018—2020 年剩余排放量	240	800	800	2013～2020

资料来源:International Emission Trading Association。

4.3　澳大利亚碳定价机制

澳大利亚政府已经宣布将在全国范围内推行强制碳排放交易机制,澳大利亚的碳排放交易分两步走:2012 年 7 月先引入碳价机制,到 2015 年 7 月正式过渡至碳排放交易机制。

澳大利亚政府宣布的中期减排目标为,至 2020 年,本国温室气体排放量在

2000 年的基础上减少 5%。这一承诺是无条件的,如果国际社会能达成温室气体全球性的减排协议,澳大利亚可能会将减排目标调整为 25%。此外,澳大利亚政府还提出温室气体长期减排目标,即到 2050 年温室气体排放量在 2000 年的基础上减少 80% 的目标。

第一阶段共涉及 4 种温室气体:二氧化碳、甲烷、氮氧化物和全氟化碳,覆盖能源、矿业、工业和交通等行业,CO_2 年排放超过 2.5 万吨(部分行业是 1 万吨)的 500 家企业,这些企业的碳排放量占澳大利亚碳排放总量的 60% 以上[3]。澳大利亚政府规定,2012 年每吨 CO_2 为 23 澳元,以后每年上涨 2.5%。

第二阶段从 2015 年 7 月 1 日开始,碳价将由市场决定,政府实行总量控制,分配初始配额,并且允许交易。固定碳价也将过渡为上下限约束的弹性价格机制,其最高限价将高于国际预期价格,为 20 澳元/tCO_2e,每年实际增长 5%;同时为保持市场活力,澳大利亚规定,碳价格的最低限价为 15 澳元/tCO_2e,每年实际增长 4%[4]。

为了保护本国企业的竞争力,澳大利亚在设计碳税机制时引入了价格补贴,对于碳排放密集型的出口行业企业,如炼铝、炼锌、钢铁制造、平板玻璃、纸浆/造纸、石油炼化等约 40 个行业类别,这些企业面临着较大的国际竞争压力,将在第一年内获得企业年均碳价支出 94.5% 的补贴。而其他非碳排放密集型的出口行业企业也将获得 66% 的补贴,该补贴以每年 1.3% 的比例逐年下降[5]。也就说,实际上,在澳大利亚碳价机制实施的初期,仍然是实行免费分配为主的碳配额制度。这有利于减轻对企业生产运营成本的影响,有利于碳价机制的推行。

此外,澳大利亚在设计 ETS 时,还考虑到与其他国家碳减排交易体系的协调和衔接,以使国内企业能参与国际碳市场,购买国际碳信用额度,有机会以最低的价格来进行碳减排[6]。2012 年 8 月 31 日颁布的《清洁能源修正法案》进一步为澳大利亚与其他国家的碳排放交易体系的对接提供了法律保障。在此基础上,2012 年 8 月,澳大利亚与欧盟达成协议,将从 2015 年 7 月开始对接双方的碳排放交易体系,2018 年完成对接碳排放交易机制的全面衔接,互认碳排放配额,碳排放价格也将一致。

然而,澳大利亚碳价机制的发展并不是一帆风顺的。2014 年 7 月 17 日,澳大利亚联邦国会参议院以 39 张赞成票对 32 张反对票的投票结果废除了现行的碳价机制。这使得第一阶段都尚未完成的碳价机制草草结束。澳大利亚认为目前的碳价导致企业的生产成本提高,普通民众生活开支增加,让澳大利亚经济发展减缓,就业率降低;与此同时,碳价并没有从真正意义上降低碳排放,对环境保护起不到显著作用。尽管澳大利亚政府强调其既定的减排目标并没有变化,但从目前来看,澳大利亚是第一个废除碳排放定价的国家,其未来的碳减排政策也不明朗。

本章参考文献

[1]　International Emission Trading Association, The World's Carbon Markets：A Case Study Guide to Emissions Trading[R]. Regional Greenhouse Gas Initiative,2014.

[2]　李雪玉,吴志琳,李倩钰.加州碳排放交易体系之拍卖机制解析[R].能源与交通创新中心,2013.

[3]　瞭望新闻周刊.碳税与碳排放交易的政策选择[EB/OL]. 2012－01－04/2012－01－29. http://www.ditan360.com/Finance/Info-98612.html.

[4]　陆燕,付丽,张久琴.澳大利亚《2011清洁能源法案》及其影响[J].国际经济合作,2011,(2):27-30.

[5]　国际商报.澳大利亚征碳税:拿现在赌未来?［EB/OL]. 2011－07－15/2012－01－29. http://www.fjsen.com/j/2011-07/15/content_5192998.htm.

[6]　陈洁民,李慧东,王雪圣.澳大利亚碳排放交易体系的特色分析及启示[J].绿色经济,2013,(4):70-74.

第5章 国内碳市场发展

根据国家"十二五"规划相关要求,至 2017 年,国内单位 GDP 二氧化碳排放量将下降 17%。此外,中国政府对外承诺,单位国内生产总值二氧化碳排放比 2005 年下降 60%～65%。中国当前依然处于经济快速发展时期,碳排放绝对总量在未来的一段时期内仍然会快速增长,排放量峰值在短期内不会出现。与之形成鲜明对比的是日益严峻的资源环境形势和国际气候谈判压力,要实现上述减排目标并非易事。依靠过去"拉闸限电"等命令控制手段来实现减排,将会显得越来越捉襟见肘。碳排放权交易作为一项基于市场的减排机制,无疑在未来具有广阔的发展空间。

2011 年 10 月,国家发改委发布了《关于开展碳排放权交易试点工作的通知》(以下简称"通知"),正式批准北京、天津、上海、深圳、重庆、广东、湖北"两省五市"在 2013 年至 2015 年期间开展碳排放权交易试点工作。该"通知"的发布具有重要的里程碑意义,标志着国内开始实质性地探索逐步建立碳排放交易机制。根据目前的发展路径规划,中国的碳排放交易市场发展路径可以大致分为 3 个阶段(见图 5-1)。

2013—2015 年试点地区探索阶段。该阶段的核心任务是鼓励各试点省市,依据自身实际情况,搭建碳排放交易机制的基本制度框架,积累宝贵的机制设计、市场建立和运行经验。与此同时,探索跨区域间实施的碳排放交易可能,制订碳排放交易市场长期发展规划,给予参与行业明确的发展方向。

2016—2020 年全国性碳市场建设阶段。该阶段的核心任务是扩大试点范围,并根据各试点地区积累的经验,规划建立全国性的碳排放交易市场,加强相关的制度、机构、技术、人才建设,逐步完善碳排放交易市场机制。

2020 年以后同国际碳排放交易机制接轨阶段。在国内碳排放交易机制逐步完善的基础上,结合经济、社会发展的实际需求和国际气候变化谈判的进展,逐步探索国内碳排放交易市场与国际碳排放交易市场的接轨。国内碳排放交易机制发展路径如图 5-1 所示。

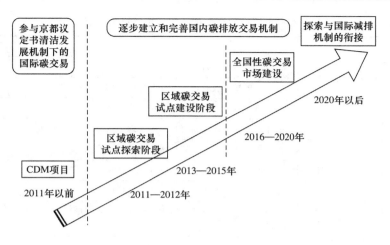

图 5-1　国内碳排放交易机制发展路径示意图

5.1　碳排放交易试点省市机制设计与比较

　　2014 年 6 月,继深圳、上海、北京、广东、天津、湖北之后,重庆成为全国第 7 个启动碳排放交易的试点地区。至此,中国政府 2011 年确定的 7 个碳排放交易试点的启动工作已全部完成,国内碳排放交易试点工作取得了阶段性的重要成果。中国的碳排放交易试点工作主要涵盖电力、热力、钢铁、石化、炼油、纺织和造纸等高耗能、高排放行业。这些行业作为中国碳排放的主要来源,也是中国政府气候保护工作的重点,尤其是电力和热力行业,其排放量占全国总量的近 50％。中国已经成为除欧盟之外,利用碳排放交易管控温室气体排放的第二大市场。表 5-1 和图 5-2 详细梳理了 2013 年至 2014 年 7 月以来,各省市碳排放交易在试点工作方面取得的主要进展。

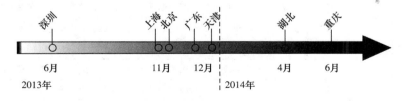

图 5-2　各碳试点地区启动交易时间轴

表 5-1　　　　　　　　七省市碳排放交易试点工作重要进展情况

时间节点		重要进展
2013 年	06 月 18 日	深圳碳排放权交易试点启动
	07 月 04 日	《广东省碳排放权管理和交易管理办法》公布征求意见
	07 月 12 日	《上海市碳排放权交易管理办法》公布征求意见
	08 月 16 日	《湖北省碳排放权交易管理暂行管理办法》公布征求意见
	10 月 29 日	《深圳市碳排放权交易管理暂行管理办法》公布征求意见
	11 月 18 日	《上海市碳排放管理试行办法》(沪府令 10 号)签发
	11 月 22 日	《北京发展和改革委员会关于开展碳排放权交易试点工作的通知》下发
	11 月 25 日	《广东省发展和改革委员会关于印发广东省碳排放权配额首次分配及工作方案(试行)的通知》下发
	11 月 26 日	上海市碳排放交易试点启动
	11 月 28 日	北京市碳排放交易试点启动
	12 月 16 日	广东举行首次配额拍卖
	12 月 17 日	《广东省碳排放管理试行办法》签发
	12 月 19 日	广东碳排放交易试点启动
	12 月 20 日	《天津市人民政府办公厅关于印发天津市碳排放权交易管理暂行办法的通知》下发
	12 月 26 日	天津市碳排放交易试点启动
	12 月 27 日	《北京市人民代表大会常务委员会关于北京市在严格控制碳排放总量前提下开展碳排放权交易试点工作的决定》获得通过
2014 年	03 月 14 日	《深圳市碳排放权交易管理暂行办法》获得通过
	04 月 02 日	湖北省碳排放权交易试点正式启动
	05 月 28 日	《北京市碳排放权交易管理办法(试行)》印发
		《重庆市碳排放配额管理细则(试行)》印发
	06 月 19 日	重庆市碳排放交易试点正式启动
	06 月 27 日	北京市 2013 年度碳配额履约期截止,仍有部分试点企业未能完成履约
	06 月 30 日	深圳市 2013 年度碳配额履约期结束,635 家纳入碳排放管控的工业企业中,有 630 家最终完成了履约
		上海市 2013 年度碳配额履约期结束,191 家试点企业全部完成履约
	07 月 15 日	广东省 2013 年度碳配额履约期结束,试点企业履约率为 98.9%
	07 月 25 日	天津市 2013 年度碳配额履约期结束,试点企业履约率为 96.5%

资料来源:根据中创碳投《中国碳市场 2013 年度报告》等整理得到。

总的来说,当前中国各碳排放交易试点积累的经验还很欠缺。截至 2014 年 7 月底,国内碳排放交易试点首轮履约期结束,最早启动交易的深圳也仅仅运行了一年多的时间。并且,在启动交易的时候,各试点机制的准备工作并没有充分到位。以重庆为例,重庆于 2014 年 6 月正式开市,是 7 个试点中最后一个启动交易的试点地区。但是,重庆在启动交易的时候,并没有完成对试点企业上一年度的碳排放报告、核查工作,各个试点单位并不清楚自身的碳排放状况,也不清楚自身碳配额是否存在盈余或缺口。这也直接导致了在交易正式开始之后,很长一段时间内陷入零成交的局面。

在分析一个碳排放交易机制时,主要着重考察以下几个方面:排放总量控制、覆盖范围、配额分配方法、碳排放的监测报告与核查(Monitoring Reporting and Verification,MRV)、交易方式与规则、灵活机制等。这几方面也是碳排放交易机制设计的重点。观察国内各碳排放交易试点机制可以发现,各试点地区都根据自身实际情况,做出了各具特色的制度安排。以下将对深圳、北京、广东、天津、湖北、重庆的碳排放交易试点机制设计做一个全面的梳理。

5.1.1 总量控制与覆盖范围

碳排放交易机制的一个重要特点就是可以通过设定上限控制温室气体排放的总量,总量控制目标是保证碳排放交易机制有效降低温室气体排放的基础。确定严格的总量上限,对于碳排放交易机制的有效运行是非常重要的,如果设定的总量限额大于排放设施在原有生产情况下的排放总量,就会导致碳市场供大于求,无法达到碳排放交易机制预期的减排目标,并且不利于碳市场的形成。

总量控制可以是绝对上限,也可以是基于产出或基准的相对上限。绝对上限可以保证排放量控制在一定的总量之下,而相对上限下的碳排放量会随着 GDP 总量的变化而变化。一般而言,一个碳排放交易机制应该设定较为明确的绝对排放量上限,以达到较好的排放控制效果。但是,就目前中国国内的情况而言,一方面,关于碳排放的数据基础较差,而排放总量的设定需要依赖全面的碳排放量基础信息,并通过严密科学的测算来确定;另一方面,中国还处在经济快速发展时期,未来一段时间内碳排放量还会持续增长,并且存在较大的不确定性,同时,中国作为一个发展中国家,在短期内不会承担强制的国际减排义务。基于以上两方面因素,大部分国内各试点地区在机制设计的时候,普遍有意或无意地回避了排放总量上限这一关键性问题。在公布的相关政策文件中,各试点地区并未对总量控制目标做出明确设定。可供参考的信息是国家"十二五"规划中对各省市下达碳排放强度下降的目标。表5-2将各碳试点机制覆盖范围和碳排放强度下降目标进行了对比。

表 5-2　　　　各碳试点机制覆盖范围和碳排放强度下降目标对比

试点地区	纳入行业	纳入企业标准	控排企业数量	年度配额总量估计	"十二五"单位GDP碳排放下降指标
深圳	工业、建筑业	工业:年排放5000吨以上;公共建筑:2万平方米以上;机关建筑:1万平方米以上	工业:635家;建筑:197栋	0.33亿吨(2013年)	21%
上海	钢铁、石化、有色、电力等10个工业行业及航空港口、机场、宾馆等6个非工业行业	工业行业中年排放量2万吨及以上的企业,非工业行业中年排放量1万吨及以上的企业	191家	1.6亿吨(2013年)	19%
北京	电力、热力、水泥、石化、其他工业和服务业	年排放1万吨以上	490家	0.5亿吨(2013年)	18%
广东	电力、水泥、钢铁、石化	年排放2万吨以上	242家	3.88亿吨(2013年)	19.5%
天津	电力、热力、钢铁、化工、石化、油气开采	年排放2万吨以上	114家	1.6亿吨(2013年)	19%
湖北	电力、钢铁、水泥、化工等12个行业	年综合能源消费量6万吨标准煤及以上的工业企业	138家	3.24亿吨(2014年)	17%
重庆	电解铝、铁合金、电石、烧碱、水泥、钢铁等行业	年度排放量2万吨以上	242家	1.25亿吨(2013年)	17%

碳排放交易机制的覆盖范围主要是指交易气体与交易主体。所谓交易气体是指纳入机制的温室气体种类，《京都议定书》中规定了 6 种温室气体：二氧化碳、甲烷、氧化亚氮、氢氟碳化物、全氟化碳和六氟化硫。国内碳排放交易试点还处在起步阶段，因此交易气体的选择，只涵盖了 CO_2 一种温室气体。交易主体的选择则可以有多重标准。从理论上说，机制的覆盖范围越广，边际减排成本的多样性也就越高，从而使减排成本更低，机制更有效。但是实际情况下，交易主体覆盖范围并非越大越好。有些行业的排放量与排放总量相比非常小，如果将这些行业纳入交易体系，减排的收益可能远低于增加的管理成本。交易主体的选择应坚持抓大放小的原则，优先将排放量大、排放量增长迅速的主体纳入交易范围。

5.1.2　配额分配方法

碳排放权配额的分配方法多种多样，总的来讲，可以分为有偿分配和无偿分配。有偿分配主要以拍卖和固定价格出售的方式来实现。无偿分配则可分为历史排放法（基于历史排放总量和基于历史排放强度）和行业基准法两种。在设计配额分配方法时往往会结合多种分配方法。免费分配在实施过程中面对的阻力较小，对于新机制的推行有一定的好处。同时，免费分配也可以帮助排放主体应对突然增加的生产成本，减缓新机制对经济的冲击。

但是，免费分配也会带来不少问题：大量的免费分配会降低市场流动性，增加价格的波动；配额分配意味着在经济体间进行财富转移，这可以纠正分配不均，但也可能使情况更加恶化；免费分配可能会减缓价格信号对投资者的影响，减慢向低碳经济的转变；对新加入者的免费分配可能会导致高排放行为；如果参与者可以把配额成本转嫁给消费者，那么免费分配就有可能带来不当额外获利，这种情况尤其可能发生在电力部门。

相比之下，拍卖在理论界更受欢迎。采用拍卖的机制可以更灵活地根据实际情况调整总量限额。因为如果是免费分配，减少配额必然会造成接收者的反对，但是如果进行的是拍卖，减少拍卖配额的总量就容易得多。表 5-3 概括了各试点配额分配所采用的基本方法。

表 5-3 　　　　　　　　　　　**各试点机制配额分配方法比较**

试点	分配方法
深圳	对于试点期间(2013—2015 年)的配额实行一次性免费发放,采取预先分配预配额,后期再根据实际增加值对上年度预配额进行调整的方式。对于不同的行业,配额免费发放依据的原则有所不同; 　　电力、供水、燃气行业依据行业基准法; 　　建筑业同样依据行业基准法,同时制定不同的能耗限额标准,再根据能耗限额标准和建筑面积来进行分配; 　　制造业依据单位工业增加值碳排放来进行分配
上海	主要采用无偿分配,并结合不同行业的特点和碳排放管理的现有基础,采取历史排放法为主、基准线法为辅的原则,确定试点企业的排放配额数量,对于电力、航空、港口、机场等产品(服务)结构比较单一的行业,采用基准线法; 　　除了以上提到的电力等少数行业,其他行业,如钢铁、有色、化工等,由于行业的产品(服务)结构较为复杂,差异性较大,因此均采用历史排放法来进行配额分配
北京	试点期间(2013—2015 年)采取免费发放,一年一发; 　　对于既有排放设施采用历史排放法。具体来讲,供热、发电行业基于历史排放强度,制造业、其他工业和服务业基于历史排放总量; 　　对于新增排放设施采用行业基准法
广东	试点期间(2013—2015 年)配额一年一发,配额总量由控排企业配额和储备配额构成。2013 年配额总量约为 3.88 亿吨(其中,控排企业配额 3.5 亿吨,储备配额 0.38 亿吨),储备配额包括新建项目企业配额和调节配额; 　　配额实行部分免费发放和部分有偿发放相结合,2013—2014 年控排企业、新建项目企业的免费配额和有偿配额比例为 97% 和 3%; 　　控排企业的配额为各生产流程(或机组、产品)的配额之和,根据行业的生产流程(或机组、产品)特点和数据基础,使用基准法(电力、水泥和钢铁行业大部分生产流程)或历史法(石化行业和电力、水泥、钢铁行业部分生产流程)计算各部分配额; 　　新建项目根据行业的生产流程(或机组、产品)特点和数据基础,使用基准法或能耗法计算各部分配额
天津	试点期间(2013—2015 年)采取免费发放,一年一发; 　　对电力、热力、热电联产行业的纳入企业依据基准法分配配额; 　　对钢铁、化工、石化、油气开采等行业的纳入企业依据历史排放总量法分配配额。以历史排放为依据,同时综合考虑先期减碳行动、技术先进水平及行业发展规划等,向纳入企业分配基本配额; 　　新增设施则按照纳入企业所属行业二氧化碳排放强度先进值发放配额
湖北	碳排放配额总量包括年度初始配额、新增预留配额和政府预留配额,政府预留配额占碳排放配额总量的 8%,其中 30% 将用于公开竞价; 　　年度初始配额实行免费分配,一年一发,采用历史排放法和行业基准相结合的方法计算; 　　行业基准法运用于电力行业,电力行业之外的工业企业则采用历史排放法计算配额总量
重庆	试点期间(2013—2015 年)依据历史排放法免费发放配额

5.1.3　交易规则

交易规则的制定包括交易平台,交易品种和交易主体等内容。目前,国内各碳试点还处于各自独立运行的阶段,表5-4比较了各试点的交易规则情况。

表5-4　　　　　　　　　　　各试点机制交易规则比较

试点地区	交易平台	交易品种	交易主体	交易方式	交易费用	价格涨跌幅限制
深圳	深圳排放权交易所	碳配额(SZA)、中国核证自愿减排量(CCER)	控排企业、其他未纳入企业、个人、投资机构	现货交易、电子拍卖、定价点选、大宗交易、协议转让	交易经手费:0.6%;交易佣金:0.3%;竞价手续费:5%	10%(大宗交易为30%)
上海	上海环境能源交易所	碳配额(SHEA)中国核证自愿减排量(CCER)	上海市纳入配额管理的单位,符合投资者适当性制度要求的企业或组织	挂牌交易、协议转让	0.3%	30%
北京	北京环境交易所	碳配额(BEA)、中国核证自愿减排量(CCER)	控排企业,报告企业可自愿参加、其他符合条件的企业	公开交易和协议转让	公开交易:0.75%;协议转让:0.5%	
广东	广州碳排放权交易所	碳配额(GDEA)、中国核证自愿减排量(CCER)	控排企业、投资机构和其他法人、个人	公开竞价和协议转让	0.5%	10%
天津	天津排放权交易所	碳配额(TJEA)中国核证自愿减排量(CCER)	控排企业及国内外机构、企业、社会团体、其他组织和个人	网络现货交易、协议交易、拍卖	0.7%	10%
湖北	湖北省碳排放权交易中心	碳配额(HBEA)、中国核证自愿减排量(CCER)	纳入碳排放配额管理的企业、自愿参与碳排放权交易活动的法人机构、其他组织和个人	定价转让、协商议价	定价转让:1%;协商议价:4%	
重庆	重庆碳排放交易中心	碳配额(CQEA)、中国核证自愿减排量(CCER)	纳入重庆市配额管理范围的单位和符合规定的市场主体及自然人	协议交易	0.7%	20%

5.1.4　碳排放的监测、报告与核查

对碳排放情况进行科学、准确地监测、报告和核查,确保碳排放量数据的真实可靠,是整个碳排放交易机制的基础。碳排放的监测、报告和核查所依据的方法学和规则由主管部门颁布。各碳排放交易试点结合自身情况,颁布了相应的方法学,用以指导碳排放的监测、报告和核查工作。排放主体制定监测计划,包括排放设施的具体工艺情况、监测方法和监测频率,并且报送主管部门批准、备案。监测由排放主体自行完成,每一年度排放主体根据自身的排放情况编制排放报告。排放报告经独立的第三方核查机构出具核查报告后,一并提交给主管部门。主管部门在此基础上最终审定排放实体的排放量。监测计划制定、监测计划实施、排放报告编制、第三方机构核查、主管机构审定、配额清缴,以上一系列的过程构成了一个完整、闭合的履约周期,确保了排放实体履行控排义务。表 5-5 比较了各试点履约周期相关时间节点的规定。

表 5-5　　　　　　　　各试点机制履约周期关键节点比较

试点地区	监测计划	排放报告	核查报告	排放量审定	清缴
深圳	无	3 月 31 日前提交上一年度碳排放报告、生产活动量化报告	4 月 30 日前提交核查报告,统计部门提交产出量化报告	发改委对排放报告和核查报告进行抽查和重点检查	6 月 30 日前履行上一年度配额清缴义务
上海	于当年 12 月 31 日前制定下一年度碳排放监测计划并报送市发改委	试点企业在 3 月 31 日前编制本单位上一年度碳排放报告并报送市发改委	第三方核查机构在 4 月 30 日向市发改委提交核查报告	市发改委在收到核查报告之日起 30 日内审定试点企业的年度碳排放量	试点企业在 6 月 1 日至 6 月 30 日通过配额登记系统,足额提交配额,履行清缴义务
北京	无	4 月 15 日前提交上一年度碳排放报告	4 月 30 日前提交核查报告	5 月 31 日前发改委完成上年度碳排放报告和核查报告的审核	6 月 15 日前履行上年度配额清缴义务

续表

试点地区	监测计划	排放报告	核查报告	排放量审定	清缴
广东	无	暂未公布		6 月 20 日前履行上年度配额清缴义务	—
天津	11 月 30 日前提交下一年度碳排放监测计划	4 月 30 日前提交上一年度碳排放量和核查报告		发改委根据排放报告和核查报告审定碳排放量	5 月 31 日前履行上年度配额清缴义务
湖北	9 月最后一个工作日前提交下一年度碳排放监测计划	2 月最后一个工作日前提交上一年度的碳排放报告	4 月最后一个工作日前向主管部门提交核查报告	主管部门对第三方核查机构提交的核查报告采取抽查等方式进行审查	5 月份最后一个工作日前履行上年度配额清缴义务
重庆	无	在规定时间内向主管部门报送书面的年度碳排放报告	在规定时间内提交书面核查报告	主管部门根据核查报告审定配额管理单位年度碳排放量	在规定时间内履行配额清缴义务

5.2　试点机制运行情况

5.2.1　各试点碳配额交易情况

　　5.1 节根据国内碳排放交易试点的阶段性进展,从排放总量控制、覆盖范围、配额分配方法、碳排放的监测报告与核查、交易方式与规则等方面,较为全面地梳理了各试点机制的制度设计特点。在此基础上,本节将对自 2013 年以来一年多的时间内,各试点机制的运行状况做一个回顾和总结。

　　分析国内各试点的运行状况,首先需要考察的便是市场上的碳配额交易情况,包括碳配额的价格、成交量等。

　　从碳配额的价格来说,理论上,碳配额的价格最终是由交易机制内各控排实体的边际碳减排成本来决定的。但在实际情况中,影响碳配额价格的因素很多,如碳配额的发放、参与交易的主体范围、碳减排信用(CCER)的使用情况等。很多时候,碳价还会受到宏观经济形势的影响。当前,各碳排放交易试点机制是相互独立的。参与试点的 7 个省市中,既有东部沿海发达省市,也有中西部欠发达省市。各试点地区的经济社会发展水平、减排成本差异比较明显。在建设碳排放交易试点机制时,各省市都会尽可能地考虑自身的实际情况,来确定试点企业范围、配额分配方式等关键要素。各省市机制设计上的差异,反映到碳配额价格上,便造成目前各试点机制间碳价存在很大差异,并不具有可比性。同时,由于各试点机制均处在起步阶段,各方面还不成熟,碳价的波动性也很大。未来,随着 CCER 项目的开发,会有大量的中国核证碳减排量获得签发,并参与各试点机制的交易。在这种情况下,相互独立的试点机制便通过核证减排量间接联系在一起。但是这种间接关联,对于缩小各试点机制碳配额价格差异所起的作用还很有限。可以预见的是,在未来一段时间内,试点机制间的碳配额价格差异还会继续存在。

从碳配额的成交量来看,图 5-3 显示了截至 2014 年 8 月底,各碳排放交易试点自启动以来的累计成交量。

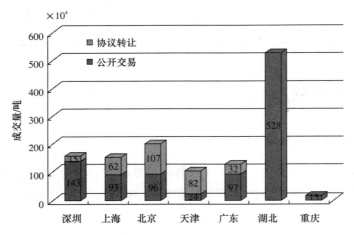

图 5-3 各碳排放交易试点累计成交量(截至 2014 年 8 月底)

资料来源:中创碳投碳讯。

从图 5-3 中可以看出,尽管湖北于 2014 年 4 月才正式启动交易,是 7 个省市中第 6 个开始交易的试点,但是其配额累计成交量要明显大于其他试点,达到 500 余万吨。这主要是由于湖北碳试点中,投机机构通过拍卖获得了大量碳配额,并在市场上开展积极交易。在其他试点中,参与交易的主体以控排企业为主,相较于投资机构,控排企业的交易意愿要低得多。

总的来看,各试点的交易量都很小。这可以从配额成交量占配额总量的比例进一步看出。根据估算,深圳碳市场累计配额成交量占 2013 年度配额总量的比例为 5% 左右,在 7 个试点市场中最高。其余 6 个试点的情况分别是:北京 3% 左右,湖北、重庆和上海占 1% 左右,广东、天津低于 1%。也就是说,超过 9 成的配额都没有参与交易。造成这种现象的因素是多方面的,如交易主体单一、控排企业参与交易的意识和能力欠缺等。但最根本的因素还在于,目前国内各碳试点都是现货交易。现货交易本身的特点决定了交易活跃程度不会太高。

此外,除了各试点机制碳配额交易的活跃程度不高以外,有限的成交量在时间上的分布也极其不均。图 5-4 显示了各试点地区在 2014 年 5 月至 8 月期间,各月的成交量情况。

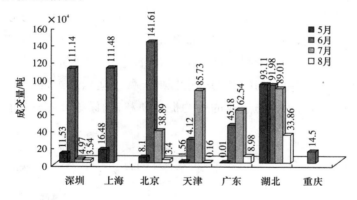

图 5-4　各试点地区 2014 年 5 月至 8 月成交量情况

以深圳、上海、北京、天津、广东 5 个碳排放交易试点地区为例,不难看出,2014 年 6 月之后,5 个试点相继迎来首次履约期的考验。深圳、上海、北京三地的履约期在 6 月底结束,天津和广东则在 7 月截止。在履约期结束的当月,各试点机制都出现了配额成交量的猛涨,而在履约期来临之前以及结束之后,成交量均处于低迷状态。例如,上海在履约期截止的 6 月成交量暴涨至 110 余万吨,而在 5 月,成交量却只有 16 万吨左右,首轮履约期结束后的七八月份,甚至出现了长达两个月零成交的局面。这反映了在临近履约期截止时,控排企业出于顺利完成履约义务的刚性需要,积极开展交易,购买配额弥补缺口或是出售富余配额获利。而在其他时间段,碳排放交易市场的活跃程度很低。

综上所述,现阶段各试点地区的碳配额价格还存在较大差异,碳价的波动也较大。目前的碳价是否反映了合理的价格水平还存在很大疑问。各碳排放交易市场的活跃程度也很低,并且交易主要集中在履约期结束前一个月左右的时间。

5.2.2 2014 年 5 个试点机制首轮履约期情况

碳配额的交易状况集中反映了试点机制是否较好地发挥了市场的作用。而整个履约过程中的表现,则直接决定了碳排放交易试点机制基础排放数据的可靠性,以及试点机制是否能顺利实现既定的控排目标。如果在履约过程中,出现了大量碳排放数据的失真,或是大量控排企业不能足额清缴碳配额,从而导致违约,这对于碳排放交易机制的建设来说将是致命的。

2014 年 6 月之后,7 个试点省市中的深圳、上海、北京、天津和广东陆续迎来首轮履约期的结束。这对以上 5 个试点地区而言,无疑是一场考验。但是,由于是首轮履约期,部分试点机制的准备工作还没有完全到位。5 个试点地区中只有深圳、上海按照原计划的日期(6 月 30 日之前)基本完成了履约工作。北京、天津和广东则在原计划的履约截止日期上做了适当延迟(图 5-5)。采取以时间换空间的办法,为控排企业的履约提供便利,确保绝大部分控排企业都能顺利完成履约。

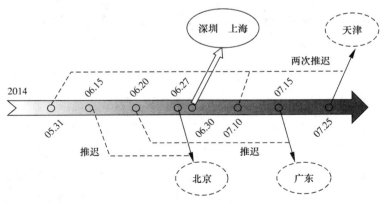

图 5-5 2014 年 5 个试点机制履约期截止日期汇总

　　总的来看,5 个试点地区首轮履约期表现的可谓喜忧参半。首先,从最终的履约结果来看,各试点地区均取得了不错的成绩(图 5-6)。5 个试点地区都实现了 95% 以上的控排单位顺利完成履约,其中上海的履约率达到 100%。履约率最低的天津,114 家试点企业中,也仅有 4 家企业未能按时完成履约任务。

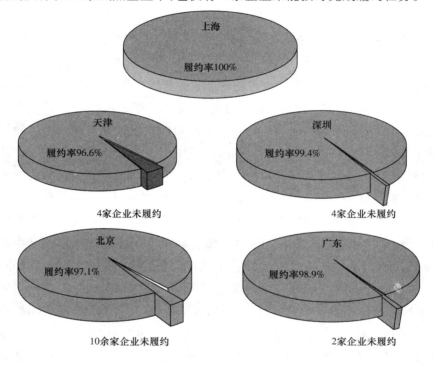

图 5-6　2014 年 5 个试点地区首轮履约结果

　　但是,从实现履约的过程来看,各个试点地区都或多或少地经历了曲折。5 个试点地区中深圳、上海按照原计划的日期(6 月 30 日之前)基本完成了履约工作。综合来看,上海在本次履约过程中是所有试点中表现最好的,实现了 100% 的履约率。这与上海前期较为扎实的准备工作是分不开的。深圳最终 99.4% 的控排企业完成了履约,但取得这一成果的过程真可谓“惊险”。在距离履约期截止仅有 10 余天的时候,635 家控排企业仅有 200 余家完成了履约。在约 300 余家碳配额存在缺口的企业中,仅有 43 家企业通过购买配额完成了履约。在此之前,为了帮助企业履约,深圳举行了首次碳配额拍卖,专门针对配额存在缺口的企业,并且拍卖价格也很低,拍卖底价设置仅为同期市场价的一半。但是,从拍卖成交结果来看,并不十分理想,仅有不到一半配额不足的企业参与拍卖,成交量也只占到总拍卖量的三分之一。还有相当多的企业仍处在观望和同主管部门博弈的过程,完成履约的动力不足。

5 个试点地区中的北京、广东和天津,最终履约截止期限相比原计划都出现了不同程度的延迟。本应该在 5 月底最早完成首轮履约的天津,由于碳排放量的核查工作还未完成,并不具备完成履约的条件。履约期限先后两次延迟,最终于 7 月底才完成。

而依照北京市发改委此前发布的碳排放交易试点基础性政策文件"关于开展碳排放权交易试点工作的通知"中的规定,履约应在 6 月 15 日之前完成。同其他试点地区明显不同的是,除了企业,北京市的碳排放交易试点中还纳入了众多部委机关、科研院校、公立医疗等机构,控排单位的复杂性给履约工作带来了不小的困难。这也导致在原定的 6 月 15 日履约截止日期之后,未履约的控排单位数量超过了一半,共计 257 家。6 月 18 日,北京市发改委公布了未履约控排单位名单。从该名单中看到,未能在 6 月 15 日前完成履约的控排单位可谓五花八门,既有大型央企,如中石化,也有诸如微软、诺基亚的外企;既有联想、国美、苏宁等大型上市公司,也有北京大学、清华大学等高等院校。此外,外交部、住建部、公安部等国家部委纷纷上榜,新华社、中央电视台等媒体同样在列。未履约控排实体中,物业管理公司的数量最多,共有 40 家;高校和科研单位的数量排名第二,共有 32 家;食品企业及酒店业企业有 20 余家;协和医院、安贞医院、中日友好医院等 12 家大型医院也未能按规定履约;此外,北京动物园、北京市公安局、国家大剧院等各类单位也位列其中。

北京市碳排放交易试点在履约过程中表现不佳,部分原因在于控排实体的多样性,除了包含生产经营性质的排放企业,也包含部委机关、科研机构、医疗机构等在内的政府部门和事业单位,对这些单位而言,购买配额所需财务审批流程较长,在规定期限内完成配额交易和履约工作存在一定困难。另外,2013年度,北京市碳排放交易试点机制的配额分配较紧,有些控排单位面临较大的配额缺口,购买配额或是实现减排产生的成本较高,从而导致履约意愿不强。

针对以上试点地区在履约过程中出现的各种问题,除了主管部门、控排企业等相关各方保持充分协调沟通以外,要确保各控排企业最终完成履约,制定必要的惩罚措施,提高控排企业的违约成本也是非常重要的。目前,深圳、上海、北京、广东和天津 5 个试点地区规定的惩罚措施主要包括罚款,将未履约部分配额从下一年配额中直接扣除,记录违约不良信用信息和取消节能减排相关的财政资金支持。相比较而言,罚款是处罚力度最强的手段,会直接导致违约企业的经济损失。上海、广东的试点机制相关制度、政策是以政府令的形式发布的,对于罚款的处罚规定均在 10 万元以下。而北京和深圳均出台了碳排放交易相关基础性法律,对于罚款的规定更为严厉。

图 5-7 详细归纳了 5 个试点机制现有的惩罚措施。深圳惩罚措施覆盖范围最广,实现了 4 种惩罚手段全覆盖。广东是对企业下一年度配额处罚最重的试点,不仅要求企业对当年未履约配额进行 5 万元罚款,而且要求企业在下一年度配额中扣除未履约部分 2 倍的配额。

广东、深圳和上海 3 个试点对企业碳信用的曝光做了明确规定,对未履约企业申报财政资助资格以及相关激励机制的参与机会做了明确限制。

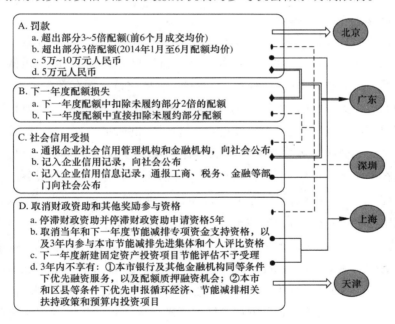

图 5-7 5 个碳排放交易试点机制惩罚措施解析

资料来源:中国碳排放交易网。

5.3 现阶段碳排放交易试点存在的问题

从"两省五市"的试点情况看,我国碳排放交易还处在起步阶段,相关政策制度亟待进一步完善。试点工作存在着准备不够充分、法律约束力较弱、企业参与碳排放交易能力薄弱、数据基础差、碳市场透明度较差、市场规模狭小彼此分隔、市场流动性较差、电力行业的特殊性问题尚未有效处理等诸多问题[1]。

一是试点工作准备不够充分。在 2010 年以前,中国国内对于碳排放交易的认识和实践主要集中在《京都议定书》下的清洁发展机制,对于在国内建立强制性的碳排放总量控制和交易体系的研究还处于空白阶段。从 2011 年 10 月国家发改委发布《关于开展碳排放权交易试点工作的通知》,到 2013 年各试点陆续开始交易,留给各试点地区的准备时间非常仓促。然而碳排放交易机制是一个非常复杂的体系,需要一整套完整的、相互衔接的制度政策链条来确保机制的运行。从实际情况来看,各个试点虽然都已经开始交易,并且有 5 个试点地区也已经完成了首轮履约,但是各个试点机制仍然还处于"边学边做"、一边发展市场一边完善制度的初级阶段。不光是制度政策层面存在欠缺,碳排放交易机制的各相关方,包括主管部门、控排企业、碳排放交易所、第三方核查机构等,其参与碳排放交易的能力建设也有待进一步加强。

二是大部分碳排放权交易试点的法律约束力较弱。碳排放交易机制的根本目的在于实现碳排放总量的控制。将总量控制目标层层分解,最终的承担者便是各控排企业。因此,控排企业能否履行其碳排放量控制的义务,或者说顺利完成履约,关系整个机制的成败。然而市场经济条件下,企业的本质是逐利的,在违约成本低廉的情况下,控排企业并没有自发的动力去实现减排或是购买足够的碳配额来抵消自身排放。只有在违约成本较高,或者说惩罚措施严厉的情况下,才能确保碳排放控制目标的落实。从目前的试点情况来看,北京市人大常委会通过了《关于北京市在严格控制碳排放总量前提下开展碳排放权交易试点工作的决定》,深圳市人大常务委员会通过了《深圳经济特区碳排放管理若干规定》,对控排企业具有较强的约束力。其他试点多以政府令的形式来进行规制,惩罚力度受到局限,法律约束力较弱。以上海市为例,对于未履行配额清缴义务的情形,《上海市碳排放管理试行办法》中规定,由市发展改革部门责令其履行配额清缴义务,并可处以 5 万元以上 10 万元以下罚款,这对于许多大型控排企业而言,惩罚力度还远远不够。

三是企业参与碳排放交易能力十分薄弱,碳管理意识有待加强,观念亟待转变。碳排放交易是世界范围内的一个新生事物,即便是经验较为丰富的欧盟排放交易体系(EU ETS)运行也不到十年的时间。国内的试点企业绝大部分来说都是第一次接触这一概念,对碳排放交易的认识还需要一个过程。加之国内碳排放交易的前期准备工作比较仓促,很多试点企业并不了解这一制度设计的含义,不了解其可能带来的挑战和机遇。部分企业对于碳排放交易的理解也有偏差,片面理解参与碳排放交易会导致企业管理、运营成本的上升,而并没有意识到"碳"既是负债,也是资产,其背后蕴藏着的巨大商机,从而导致企业被动参与,错失良机。

四是碳排放数据基础较差。目前,各试点机制在分配碳排放配额的时候主要采用历史法,即依据企业历史碳排放量来确定分配配额数量。这就需要对试点企业的历史排放情况有一个清晰的掌握。然而,我国在建立碳排放权交易试点之前,没有企业层面的关于温室气体排放的统计体系,相关的资料、数据储备较差。各试点都是从头开始,对各控排企业的历史排放情况进行摸底、盘查。但限于数据资料的可回溯性等因素,盘查结果难免会出现一些偏差。

五是碳市场信息披露程度很差。信息是市场中极为重要的资源。公开、透明的信息有助于市场的运行发展,有助于市场相关各方做出理性决策。碳市场并不是一个自发形成的市场,而是基于温室气体减排的努力,通过人为机制设计出来的一个"政策性"市场。这使得碳市场从诞生之日起,就更加倚重有效、公开、透明的信息。然而,从现阶段的试点情况来看,各试点机制的政策文件都鲜有提及市场信息的披露。碳市场中信息披露不充分主要体现在:①在一些政策制定、执行的过程中存在不明朗的地方。例如,在碳配额分配过程中,虽然有相应的规定,但在具体操作环节存在一些出入。部分试点企业表示并不清楚自身的碳排放配额是如何计算得出的。②在分析碳市场时,一个最基本的问题是市场上的供需情况是怎样的。但是目前相关信息还十分有限,各交易试点中并没有公布试点企业的碳排放量、持有碳配额数量,关于覆盖的排放总量、配额总量等信息也比较模糊。这使得试点企业、投资机构在参与交易时面临着困难。此外,信息的缺乏还体现在政策前景的不确定性等方面。

六是市场规模狭小,彼此分隔。当前 7 个省市的碳排放交易试点还处在"各自为政"的状态,各个试点的市场规模较小。以广东省为例,2013 年的配额总量达到了 3.88 亿吨,超过了加州和魁北克碳排放交易体系,在全球位列第二。但是与规模最大的欧盟碳排放交易体系超过 20 亿吨的年配额总量相比,还是有很大差距。其他几个试点的市场规模则更小,市场规模最小的深圳,年度配额总量仅有 3000 多万吨。试点的 7 省市中,既有东部沿海发达省市,也有中西部欠发达省市。从减排成本的角度,应当充分利用不同地区间减排成本的差异来实现减排成本最优化。但目前各试点机制间并不具备相互链接的条件,交易主体只能参与所在地区的交易体系。

七是市场流动性较差。市场流动性集中体现在市场成交量上。市场成交量小是困扰各地碳市场的普遍问题。自 2013 年各地碳试点陆续启动,到 2014 年 7 月,北京、上海、广东、深圳、天津 5 地首轮履约期结束以来,各试点碳市场普遍呈现的特点是在临近履约结束的时候,成交量、成交金额猛增,而在履约期结束后和临近履约期结束之前的很长一段时间,成交量异常低迷。上海市甚至出现了在 6 月 30 日履约期结束以后的两个月时间内成交量为零的情况。重庆在 2014 年 6 月 19 日开市当天象征性地成交 1 笔之后,截至 8 月再无交易出现。出现这种现象的原因是多方面的,既有前文分析各地碳市场规模小、交易主体少等原因,投资机构的缺席也是一个重要因素。但从根本上来讲,各试点机制的碳市场目前还都只是现货市场,现货本身并不是适合频繁换手的交易。从另一个角度来解释,对于试点企业而言,碳排放交易并非其主营业务,企业也鲜有配备专门的人员、部门来负责相关事宜。交易本身是存在风险的,目前绝大部分的试点企业是风险厌恶型的。企业最重要的目标是顺利完成履约任务,避免因不能足额清缴配额而产生的违约成本。除此之外,企业很少会考虑在市场上频繁交易来获取额外收益。这也导致即便是自身碳配额存在富余,企业也不太倾向于在市场上出售获利,而是选择储存富余配额以应对未来的碳排放需求。

八是电力行业的特殊性问题尚未有效处理。我国的电力生产中有相当一部分是依靠燃煤发电,由此也造成了大量的碳排放。电力行业和钢铁、石化等行业一同位列碳排放大户。同时,燃煤发电过程的碳排放核算相对较为简单,各试点机制均选择把电力行业纳入试点范围。在发达国家和地区,如欧盟,电力行业市场化程度较高,电力生产商可以依据市场行情制定电力价格。但是在中国,电力行业是一个高度垄断的行业,电力价格受到严格管制,发电企业并不能直接制定电价。这就导致了电力企业不能将因碳约束额外增加的成本,通过电价传导给电力消费端,从而促使消费端减少电力消耗,实现碳减排。目前,各试点机制并未就这一情况做出相应的对策。

5.4　中国自愿减排项目的发展

《京都议定书》的签订极大地推动了国际碳排放交易市场的发展。清洁发展机制(CDM)作为《京都议定书》的三大机制之一,也是发展中国家唯一可以直接参与的机制,催生了一个庞大的碳抵消项目市场。

清洁发展机制作为一种碳抵消机制(也称碳补偿机制),可以视为碳配额交易机制的补充。通过开发具有减少碳排放或是增加碳汇的项目,可以获得经过核证的碳减排信用,而控排实体则被允许使用碳抵消项目产生的减排信用来完成自身减排义务。碳抵消机制的设计出发点在于为控排实体提供一个成本较为低廉的减排方案选择。控排实体除了通过自身减排或者在配额市场上购买碳排放配额以外,还可以选择一定限度的碳减排信用来履行自身减排义务。由于碳抵消项目通常来自欠发达地区,控排实体在购买碳信用时,也为欠发达地区的低碳发展提供了资金支持,有利于其实现可持续发展。

根据清洁发展机制执行理事会(CDM EB)的年度报告[2],截至 2013 年 10 月,清洁发展机制之下登记的项目共有 7293 个,分布于 89 个国家,已发放的核证减排量(CERs)达 13.8 亿吨。

然而 CDM 项目的开发在 2008 年前后经历了一个黄金发展期后,陷入前所未有的困境。欧盟排放交易体系(EU ETS)作为 CERs 最大的需求来源,由于配额发放严重过量等原因,当前其运行面临诸多困难,导致碳价持续低迷,相应的对于 CERs 的需求也是一落千丈。目前,国际市场上的 CERs 价格持续在低位徘徊,已难以支持减排项目的开发。

中国作为最大的发展中国家,同时也是 CDM 项目注册数量最多和产生 CERs 最多的国家。国际碳市场 CER 价格的长期低迷,无疑对国内碳减排项目的开发产生了非常不利的影响,致使国内CDM减排项目开发几乎陷于停滞。2013年以来,国内7省市陆续启动的碳排放交易试点工作,给促进国内碳减排项目的开发带来了新的曙光。借鉴CDM的设计思想和制度框架,打造一个"中国版"的CDM。在此背景下,中国自愿碳减排机制(China Certificated Emission Reduction,CCER)便应运而生。在7省市的碳试点机制中都明确规定,允许控排企业使用一定比例的中国核证减排量(CCER)来履行减排义务。同目前7省市各自为政、相互独立的碳排放交易试点不同,中国自愿减排机制的设计从一开始便采用自上而下的顶层设计模式,同各试点机制以及未来的全国性的碳排放交易机制保持良好的兼容性。

5.4.1　CCER机制建立的政策文件

2012年6月20日,国家发展改革委员会发布了《温室气体自愿减排交易管理暂行办法》,该办法明确了CCER项目的备案、开发、管理原则,奠定了中国自愿碳减排机制的基础。自愿减排项目产生的减排量须经国家自愿减排登记簿备案,成为CCER后便可在相关的交易机构内交易。国内外机构、企业、团体和个人均可以参与CCER的交易。在此之后,中国自愿碳减排机制的发展步入快车道,一系列政策制度文件相继出台。表5-6梳理了2012年至2014年6月出台的重要政策文件,这些文件主要从管理办法、方法学和审定与核证机构三个方面逐步完善自愿碳减排机制。

表5-6　　　　　　中国自愿碳减排机制重要进展(截至2014年6月)

时间节点		重要进展	内容
2012年	06月20日	《温室气体自愿减排交易管理暂行办法》公布	明确了对减排项目管理、减排量管理、减排量交易、审核与核证的规定
	10月09日	《温室气体自愿减排项目审定与核证指南》公布	进一步明确温室气体自愿减排项目审定与核证机构的备案要求,核证程序和报告要求
2013年	01月16日	公布自愿减排交易备案机构	北京环境交易所,天津排放权交易所,上海环境能源交易所、广州碳排放权交易所和深圳排放权交易所共5家机构予以自愿减排交易机构备案
	03月11日	第一批自愿减排方法学公布	先期将52个在国内适用性较强、使用频率较高的CDM方法学予以备案

续表

时间节点		重要进展	内容
2013 年	06 月 13 日	第一批审定与核证机构公布	中国质量认证中心和广州赛宝认证中心服务有限公司共 2 家机构予以自愿减排项目审定与核证机构备案
	09 月 02 日	第二批审定与核证机构公布	对中环联合（北京）认证中心有限公司予以自愿减排项目审定与核证机构备案
	10 月 24 日	中国自愿减排交易信息平台上线	CCER 项目相关信息的权威发布平台
	11 月 04 日	第二批自愿减排方法学公布	对（AR-CM-001-V01）碳汇造林项目方法学和（AR-CM-002-V01）竹子造林碳汇项目方法学 2 个温室气体自愿减排方法学予以备案
2014 年	01 月 22 日	第三批自愿减排方法学公布	对常规项目自愿减排方法学、小型项目自愿减排方法学和农林项目自愿减排方法学共计 123 个温室气体自愿减排方法学予以备案
	04 月 15 日	第四批自愿减排方法学公布	对（CM-096-V01）气体绝缘金属封闭组合电器 SF6 减排计量与监测方法学予以备案
	06 月 20 日	第三批审定与核证机构公布	对环境保护部环境保护对外合作中心、中国船级社质量认证公司和北京中创碳投科技有限公司三家机构予以温室气体自愿减排项目审定与核证机构备案

资料来源：根据中国自愿碳减排信息平台网站整理所得。

5.4.2　CCER 项目的开发和供应情况

目前，根据《温室气体自愿减排交易管理暂行办法》的规定[3]，申请备案的自愿减排项目应于 2005 年 2 月 16 日之后开工建设，且应属于以下任一类别：

（1）采用经国家主管部门备案的方法学开发的自愿减排项目；

（2）获得国家发展改革委员会批准作为清洁发展机制项目，但未在联合国清洁发展机制执行理事会注册的项目；

（3）获得国家发展改革委员会批准作为清洁发展机制项目，且在联合国清洁发展机制执行理事会注册前就已经产生减排量的项目；

（4）在联合国清洁发展机制执行理事会注册，但减排量未获得签发的项目。

CCER 项目从最初的项目设计、开发到最终减排量签发、交易、注销需要经历一个漫长而又复杂的流程，大致可以分为三个阶段：①项目备案阶段；②减排量备案阶段；③减排量交易及注销。具体的流程如图 5-8 所示。

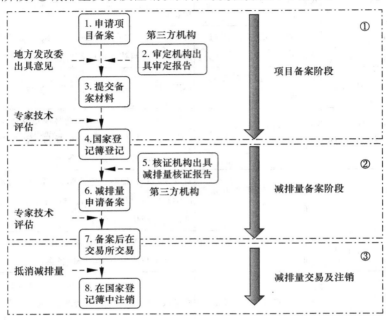

图 5-8　CCER 项目开发流程

就 CCER 项目的开发周期而言，从一个项目最初评估到最后获取收益需要 2 年以上的时间。表 5-7 大致估计了项目各阶段所需的时间长短。

表 5-7　　　　　　　　　CCER 项目开发各阶段耗时估计

序号	项目阶段	时间	参与的相关机构
1	项目评估	半个月	项目开发方、专业咨询机构
2	项目文件编制	1 个月	项目开发方、专业咨询机构
3	第三方审定	3 个月	第三方审定机构、专业咨询机构（协助）
4	项目备案	3 个月	国家发改委
5	项目减排量报告	12 个月	项目开发方、专业咨询机构
6	减排量第三方核查	3 个月	第三方核查机构、专业咨询机构（协助）
7	减排量签发	3 个月	国家发改委
8	获取项目收益		

由此可见,CCER 项目的开发不仅流程复杂、专业性较高,而且整个开发获益周期也比较漫长。除此之外,通过 CCER 项目开发所获得的碳减排信用是否是真实可靠的或者说是可核证的,关系到整个自愿碳减排机制的成败。具体来讲,如何科学地设定项目的基准线,如何论证项目的额外性,包括经济额外性、投资额外性、技术额外性等,如何准确地计算减排量,以及如何编制具有透明性、可比性的监测计划,都需要一套完整、严密的方法学体系来支撑。一个CCER 项目在设计开发之初,就需要结合项目本身情况,选择合适的方法学,并严格遵照方法学的规定,划定项目边界,识别基准线,检验项目额外性,事前计算减排量,以及制定监测计划。

目前,中国自愿碳减排机制的方法学体系仍然在不断发展、完善之中。截至 2014 年 4 月,先后公布了 4 批共计 178 个自愿减排方法学。这些方法学按照来源主要可以分为以下两类:

(1)原清洁发展机制下转化而来的方法学,共 174 个,包括可再生能源类别10 个、燃料转换类别 10 个、生物质类别 10 个、交通类别 12 个、甲烷排放类别 16个、能效类别 59 个、六氟化硫排放类别 1 个;

(2)自主开发方法学,共 4 个,包括造林与再造林类别的《碳汇造林项目方法学》和《竹子造林碳汇项目方法学》、森林管理类别的《森林经营管理碳汇项目方法学》以及草地管理类别的《可持续草地管理温室气体减排计量与监测方法学》。

方法学作为减排机制最为基础、核心的部分,从以上分析可以看到,中国自愿碳减排项目开发所参照的方法学中,绝大部分源于清洁发展机制下原有的方法学。这也说明了中国自愿碳减排机制的设计思路和制度基础在很大程度上参考了清洁发展机制的实践经验,这也有利于中国在一个相对较短的时间内完成国内自愿碳减排机制的建设。

虽然自 2013 年开始,国内的碳排放交易试点已经陆续鸣锣开市。但是,由于 CCER 项目本身开发周期较长,截至 2014 年 7 月,国内碳排放交易试点第一轮履约期结束时,市场上流通的交易品种还都是碳排放配额,并没有来自CCER 项目产生的碳减排信用。2015 年 4 月 8 日,上海环境能源交易所完成首笔国家核证自愿减排量交易。

据最新的统计[4],截至 2014 年 8 月,中国自愿减排交易信息平台累计公示

CCER 审定项目达 318 个。根据审定公示项目的开发文件(PDD),按照申请备案的项目类别区分,《温室气体减排交易管理暂行办法》中规定的第一类项目(经国家发改委备案的方法学开发的自愿减排项目)有 142 个,预计年减排量合计约 1346 万 tCO_2e;第二类项目(获得国家发改委批准为 CDM 项目但未在联合国 CDM 执行理事会注册的项目)有 21 个,预计年减排量合计约 354 万 tCO_2 e;第三类备案项目(获得国家发改委批准为 CDM 项目且在联合国 CDM 执行理事会注册前产生减排量的项目,pre-CDM 项目)有 135 个,在补充计入期内预计产生减排量合计约 6214 万 tCO_2e;第四类备案项目(在联合国 CDM EB 注册但减排量未获得签发的项目)有 20 个,预计年减排量合计约 179 万 tCO_2e。在信息平台公示以上 4 类项目的备案申请数量及产生的减排量如表 5-8 所示。

表 5-8   已公示 CCER 审定项目相关信息(截至 2014 年 8 月)

审定项目所属类型	审定项目数量/个	年减排量预计/tCO_2e	减排量预计/$t\ CO_2e$
第一类	142	13 457 623	—
第二类	21	3 542 138	—
第三类	135	—	62 136 814
第四类	20	1 788 415	—

资料来源:中创碳投碳讯。

根据已公示的审定项目的开发文件(PDD)中所依据的方法学类别(见表 5-9),目前公示的审定项目中新能源与可再生能源类项目有 228 个,占到全部审定项目的 72%;其中,风电、水电项目较多,分别有 92 个、69 个,两类项目超过全部审定项目的 50%;审定项目中还包括甲烷回收利用类项目 53 个、节能和提高能效类项目 27 个、燃料替代类项目 8 个、造林和再造林类项目 2 个。

表 5-9   已公示 CCER 审定项目所依据的方法学类别情况(截至 2014 年 8 月)

项目开发依据方法学类别	项目数量
新能源与可再生能源类	228
风电	92
水电	69
光伏发电	46
生物质发电	21

续表

项目开发依据方法学类别	项目数量
甲烷回收利用类	53
节能和提高能效类	27
燃料替代类	8
造林和再造林类	2
总计	318

从地域分布来看,在已公示的 CCER 审定项目中,提交备案申请数量居前列的以中西部省份居多,包括湖北、广东、贵州、云南、新疆、内蒙古、四川等,以上省份提交申请的项目数量均超过 20 个。在开展碳排放权交易试点的"两省五市"中,湖北省提交备案申请项目数量最多,达 27 个,广东省提交备案申请项目有 24 个(不含深圳市);其他城市提交备案申请项目的数量为上海市 4 个、北京市 3 个,重庆市 3 个,深圳市 3 个,天津市 1 个。图 5-9 显示了 CCER 项目备案申请数量较多的省市的情况。

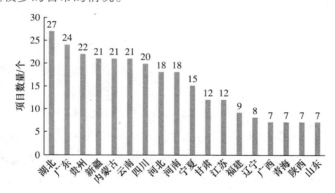

图 5-9　已公示 CCER 审定项目备案申请数量较多的省市的情况

(截至 2014 年 8 月)

从图 5-9 可以看出,公示的 CCER 审定项目来源大多为中西部地区。这些地区较东部沿海发达地区而言,减排成本更低,减排空间大,更适合 CCER 项目的开展。从这一点,自愿碳减排机制确实促进了与低碳发展相关的资金、技术向中西部欠发达地区的转移和流动,有利于中西部地区实现可持续发展。

除了以上已经公示的 300 多个审定项目以外,截至 2014 年 8 月,已经有 49

个经过审定的 CCER 项目成功在国家发改委备案,还有 29 个备案项目的监测报告进行了公示。这 49 个备案项目仍然以新能源与可再生能源类方法学下的项目为主,基于该类方法学开发的项目达到 38 个(包括风电项目 19 个,水电项目 14 个,光伏发电项目 3 个,生物质发电项目 2 个)。以上 49 个项目中,第三类备案项目(pre-CDM)有 36 个,在补充计入内预计产生减排量合计达到 2 165 万 tCO_2e;第一类项目有 11 个,预计年减排量合计约 73 万 tCO_2e;第二类项目 2 个,预计年减排量合计约 20 万 tCO_2e。

5.4.3 CCER 项目的需求

CCER 项目产生的碳减排量最终要在市场上出售才能获取收益。市场上对于 CCER 的需求量有多大,或者说 CCER 的潜在买家都有哪些,便成为一个十分重要的问题。

根据《温室气体自愿减排交易管理暂行办法》的规定,国内外机构、企业、团体和个人均可参与温室气体自愿减排量交易。可参与温室气体自愿减排量交易的主体范围非常广泛,既可以是机构法人,也可以是自然人,既可以是国内的主体,也可以是国外的主体。但是,从参与交易的动机来看,主要分为两类:一是当前已纳入各碳排放交易试点的控排企业,为了顺利完成履约,购买一定数量的 CCERs;二是除控排企业以外的其他各国内外机构或个人,出于抵消自身碳排放、推动低碳项目发展等公益性的目的,自愿购买 CCERs。针对第二种情形,目前国外机构购买 CCERs 的可能性很小。原因在于,CCER 现阶段只是针对当前的碳试点和未来的全国碳排放交易体系设计的,其在国际上还缺乏普遍的认可度。即便是一些跨国集团在华机构想要通过购买碳减排信用来抵消自身的碳排放时,也会优先考虑购买一些国际上比较通行、应用较为广泛的自愿碳减排机制下开发的碳减排信用,例如 VER 等。而对于国内机构和个人出于公益目的购买 CCERs 而言,目前国内的大环境也很不成熟。国内企业和公众对于低碳发展、低碳经济的理解还停留在浅层次,碳排放交易、碳减排信用等则更是完全陌生的概念。从国内已有的少数自愿碳减排交易来看,其象征意义远远大于实际意义,交易价格的制定受到很大的人为干预影响,交易量通常也很小,这同一个 CCER 项目监测期动辄产生的几十万上百万吨碳减排当量相比,显得微不足道。

当前,国内 7 省市的碳排放交易试点均已启动。各试点机制的方案均明确控排企业可以购买 5%～10% 不等比例的 CCERs 来完成履约。CCERs 的价格通常会低于市场上碳配额的价格,这使得控排企业可以以较低成本完成履约。来自控排企业的购买需求将会是当前乃至于今后较长一段时间内 CCERs 主要需求来源。据估计,2013 年,各试点控排企业配额总规模约为 10.3 亿吨,按照 5%～10% 的比例计算,对于 CCER 的年需求量至少在千万吨级别。不过,国内碳排放交易试点还在初级阶段,绝大部分碳排放配额均免费发放给控排企业,控排企业的配额缺口可能不太大。只有在配额存在缺口,即实际排放高于分配配额时,企业才有可能会考虑购买 CCERs。对于一些特定的行业,如电力、化工、钢铁等,本身排放基数很大,未来排放量也预期持续增长,配额相对从紧,可能会存在着较大的 CCERs 的需求。表 5-10 对 7 个碳排放交易试点的碳抵消理论需求量进行了估计,可以作为一定的参考。

表 5-10　7 个碳排放交易试点对碳抵消(CCER)的理论年需求量估计[5]

试点地区	覆盖的二氧化碳排放量/万吨	碳抵消(CCER)允许比例	碳抵消最大年需求量/万吨
北京	4 200	5%	210
上海	11 000	5%	550
广东	21 400	10%	2140
天津	7 800	10%	780
深圳	3 200	10%	320
湖北	12 400	10%	1240
重庆	5 600	8%	450
总计	65 600	—	5690

除了对碳抵消使用的比例有一定限制以外,各试点机制对于抵消项目的地域来源和项目类型也有不同的要求和限制,这对 CCERs 的需求也会带来一定影响。

表 5-11 对此进行了总结。

表 5-11   **各碳排放交易试点抵消机制规定**

试点地区	比例限制	抵消项目地域限制	抵消项目类型限制
上海	小于等于年度碳排放配额量的 5%	—	—
深圳	小于等于年度碳排放量的 10%	—	—
天津	小于等于年度碳排放量的 10%	—	—
广东	小于等于年度碳排放量的 10%	70% 以上应当是本省 CCER 项目产生	—
湖北	小于等于年度碳排放配额的 10%	只接受本省 CCER 项目产生的减排量	—
北京	小于等于年度碳排放配额量的 5%	1. 使用本市项目产生的 CCERs 应占 50% 以上； 2. 优先使用与本市应对气候变化、生态建设、大气污染防治等相关合作协议地区的 CCERs	1. 项目减排量应于 2013 年 1 月 1 日后产生； 2. 不接受水电项目及 HFCs、PFCs、N_2O、SF_6 项目的减排量
重庆	小于等于年度碳排放配额的 8%	—	1. 项目减排量应产生于 2010 年 12 月 31 日以后(碳汇项目除外)； 2. 应属于以下类型之一： ① 节约能源和提供能效； ② 清洁能源和可再生能源(水电除外)； ③碳汇； ④ 能源活动、工业生产过程、农业、废弃物处理等领域减排

5.5　中国碳排放量的相关研究

5.5.1　碳排放量研究

　　碳排放量是重要的基础数据,不管是对宏观层面的政策制定,还是对微观层面的节能减排,都起着至关重要的作用。碳排放量核算(Carbon Accounting)是一个复杂、系统的过程。Stechemesser 等[6]基于对 129 篇文献资源的系统性综述,将碳排放量核算分为了基于国家/区域层面的核算、基于产品/服务层面的核算、基于企业/组织层面的核算以及基于项目层面的核算。本研究所讨论的碳排放量是指宏观层面上的国家/区域碳排放量。在该层面上,最为权威的核算方法学是联合国政府间气候变化委员会颁布的《2006 年 IPCC 国家温室气体清单指南》。

　　当前我国尚未完全建立同气候变化、温室气体排放相适宜的统计指标体系,与碳排放核算有关的数据基础较差,这也给科学、准确地评估碳排放状况增加了难度。众多学者针对中国以及中国部分省市的碳排放量情况做了大量研究。在国家层面上,Zhao 等[7]对中国 2005 年至 2009 年火力发电、工业、交通、居民和商业 4 个领域的碳排放情况自下而上地进行了分析,并进一步讨论了中国碳排放的变化趋势、空间分布和不确定性。研究结果表明,中国的碳排放量从 2005 年的 7126 兆吨增长到了 2009 年的 9370 兆吨,能效的提高在部分领域起到了降低排放增速的作用。Chen 等[8-9]对 2007 年中国温室气体(包括 CO_2、CH_4 和 N_2O)排放清单以及 135 个行业的温室气体排放和资源利用清单进行了研究,并采用输入-输出分析方法来进一步揭示终端消费和国际贸易中的碳排放情况,研究得出 2007 年中国的直接温室气体排放量达 $7456.12\ MtCO_2e$。

　　在区域和城市层面上,Geng 等[10]和 Liu 等[11]均对中国不同年份各省份的碳排放情况进行了估算,Liu 等还运用因素分解对各省市和行业间的排放差异做了比较分析。Yu 等[12]基于可持续能源行动计划(Sustainable Energy Action Plan,SEAP)的方法,计算了 2004 年至 2010 年中国的南京、常州、无锡和杭州 4 个城市的碳排放情况,并将其排放情况同欧洲的都灵和波尔图进行了比较,结果表明中国 4 座城市的人均排放量已经高于欧洲同类型城市的人均排放量。Sugar 等[13]基于 IPCC 方法学计算了 2006 年上海、北京和天津的温室气体排放,3 座城市的人均排放量分别达到了 12.8 t CO_2e、10.7t CO_2e 和 11.9t CO_2e。此外,Geng,Zhang,Liu 等人[14-16]也对北京、上海等城市的能源消耗和碳排放情况进行了比较。Liu 等[116]88 在研究了北京、上海、天津和重庆的温室气体排放清单基础上,运用 LMDI 分解方法对 4 座城市 1995—2009 年间温室气体排放量变化进行了动因分析。从针对上海市碳排放的研究情况来看,赵倩[17]和 Wang 等[18]均参照 IPCC 的方法学对上海市的温室气体排放清单做了详细研究。在赵倩的研究中,对上海市能源利用、交通运输、工业生产以及土地利用等情况进行调研,筛选了上海市温室气体的主要碳源和碳汇,综合考虑了 CO_2、CH_4 和 N_2O 3 种温室气体的直接和间接排放,建立了上海市 1996—2008 年温室气体的排放清单,并为低碳经济模式下城市发展和产业结构调整提供了参考,有较好的借鉴意义。Zhao 等[19]和 Chen 等[20]则重点针对上海市的产业碳排放,运用对数平均迪氏指数方法研究了上海市产业碳排放的变化特征和驱动因素。

总的来看,目前国内外学者均对碳排放量做了大量并富有借鉴意义的研究,但是现有研究之间的可比性并不强。在核算排放量时,大部分的研究参考了 IPCC 方法学中的做法,也有一部分研究是基于模型或是参考了其他方法学(如 ICLEI、SEAP)。在温室气体种类的选择上,有的研究计算了 CO_2、CH_4、N_2O 等多种温室气体的排放量,有的研究则只计算了 CO_2 的排放量。在考虑温室气体排放的来源上,不同的研究也存在差异,有的研究只考虑了来自能源消耗的排放,而有的研究除了考虑能源消耗排放,还包括了工业生产过程、土地利用、废弃物处置等方面的排放。针对上海市的碳排放量的研究也存在不足,大部分研究的时效性不强,研究的时间范围基本在 2010 年之前,也很少有研究从碳排放交易政策设计和建议的角度来分析上海市的碳排放情况。

5.5.2　碳排放量情景分析研究

情景分析法是在对经济、产业或技术的重大演变提出各种关键假设的基础上,通过对未来详细的、严密的推理和描述来构想未来各种可能性的政策。国内外学者一般通过分析的过程,来揭示其含义。在进行情景设定之前,需要对过去的历史进行回顾分析,然后对未来的趋势进行一系列合理的、可认可的、大胆的、自圆其说的假定,或者说确立某些未来希望达到的目标,亦即对未来的蓝图或发展前景进行构想,然后再来分析达到这一目标的种种可行性及需要采取的措施[21]。

上海市碳排放交易试点机制可以看作是控制碳排放的一系列政策工具组合,其中总量设定是政策工具中非常关键的一环,直接决定了排放配额的供应总量。总量设定必然要以未来一段时期内上海市的碳排放量变化情况为依据。然而,碳排放量变化是具有高度不确定性的,和经济增速、经济发展方式等多种因素相关。相较于已经完成工业化的欧美发达国家而言,上海目前还处在工业化中后期,面临着经济增长和结构转型等多重任务,碳排放量的变化趋势可能具有更高的不确定性。欧盟排放交易体系在设计和运行时就曾出现过配额总量严重过剩的情况,一个重要的原因便是对碳排放量变化不确定性的估计不足。当经济出现萧条,增长速度不及预期时,碳排放量也随之下降,对排放配额的需求也大幅减少,从而使得事先设定的总量出现明显过剩。在设定上海市碳排放交易机制的总量时,运用情景分析方法的优势是可以使决策者能发现未来变化的某些趋势,从而避免两个常见的决策错误,即过高或过低估计未来的变化及其影响。

情景分析方法本身的特点决定了其非常适合用于碳排放交易机制的总量设定分析中。但是鉴于目前国内的碳排放交易试点还处在起步阶段,还较少有将情景分析和国内碳试点的总量设定结合起来的研究。本研究将充分借鉴前人的成果,在分析 2016—2020 年上海市的碳排放情景基础上,进一步考虑碳试点机制设计这一变化因素,探讨上海市碳排放交易机制的总量设定。

5.6 中国碳排放交易机制的研究

Coase[22] 和 Dales[23] 最早提出采用市场工具来解决污染排放问题的思想。科斯定理指出如果交易成本为零,无论初始分配如何界定,都可以通过市场交易达到资源最优配置。Dales 则将这一思想应用于排放权交易领域。Dales 的理论在指导美国二氧化硫排放权交易制度设计时获得巨大成功。Montgomery[24] 进一步从理论上证明了排污权交易市场如何实现污染控制成本的最优配置,Taschini[25] 则补充研究了影响市场效率的各种因素。随后,国外学者从排放权的分配效率、排放权储存于借贷、市场定价机制、机制间的连接等多个方面对碳排放交易进行了深入的研究。Newell 等[26]对碳排放交易机制的发展历史和未来趋势做了十分详尽的总结分析,其研究将已有碳排放交易机制的发展经验概括为:应当逐步减少免费配额的比例,健全机制的管理,并对交易体系不断地做适应性调整,以有利于市场参与者和增强市场信心。Böhringer 等[27]的研究表明,国际排放交易机制在行业上和区域上的扩容尽管对于个别参与国家而言是没有必要的,但在总体上是有益的。此外,配额富余的国家要比配额短缺的国家掌握更大的战略权力。Wu 等[28]对国外碳排放交易的研究述评表明,市场的分配与运行效率是碳排放交易市场机制的关键,而碳金融市场产品及其衍生品的价格特征则是稳定碳排放市场、发展低碳经济、维持经济可持续发展的核心。

碳排放权拍卖是碳排放交易机制研究的一大热点领域。Cramton 等[29]从减少税收扭曲、增加流动性等方面论述了为什么在配额初始分配时应采用拍卖(Auction)而不是历史法(Grandfather)。Hepburn 等[30]和 Benz 等[31]分别讨论了欧盟排放交易体系(EU ETS)在第二阶段(Phase Ⅱ)和第三阶段(Phase Ⅲ)的配额拍卖设计问题。Shobe 等[32]比较了在较为宽松的总量设定下,不同拍卖方式在美国区域温室气体减排机制(RGGI)中的运用效果。Mandell[33]重点分析了拍卖频率的设计,其研究建议出于对拍卖效率的考虑,在一个履约周期内应该仅进行一次拍卖。在很多情况下,参与配额拍卖的各方对于市场的影响力是不同的,会有个别或部分竞拍者对于市场具有显著的影响力,即存在市场势力(Market Power),这将在很大程度上影响到配额拍卖的效率,Sunnevag[34],Dormady[35]和 Haita[36]均对存在市场势力情形的配额拍卖开展了研究。此外,Corrigan[37]、Cherry 等[38]和 Cason 等[39]学者均借助实验经济学的理论、方法研究了碳排放交易机制中的配额拍卖。

从对国内碳排放交易机制的建立、发展的研究来看,Wu[40]、Cheng 等[41]初步分析了碳排放交易机制在中国的建立,指出中国碳排放交易机制的控排目标是相对减排而非绝对减排。Lo[42]指出,尽管面临结构性障碍,中国仍将会在区域试点的基础上逐步建立起全国性的碳排放交易机制。Wang[43]则认为如果较好地解决了碳排放基础数据收集这一问题,中国有能力建成世界级的碳排放交易机制。Wei 等[44]在借鉴了欧盟排放交易体系的经验之上,指出中国的碳排放交易机制建立应遵循"先自愿后强制"的路径。Hart 等[45]则总结了中国的二氧化硫交易机制对当前碳市场建设的借鉴意义。Cui 等[46]建立了省际碳排放交易模型来模拟中国实施碳排放交易机制的经济效益,模拟结果表明碳排放交易机制可以使 2005—2020 年期间的碳减排成本降低 23.67%。

结合当前国内各个碳排放交易试点机制的进展情况,部分学者开展了针对性的研究。Duan 等[47]总结了上海、北京、广东、天津和深圳这 5 个试点机制的设计特点。Zhang 等[48]在总结比较了各试点省市的进展情况基础上,指出未来建设全国性碳排放交易机制的挑战将主要来自法律与监管障碍、碳排放交易机制同现有能源气候政策的协调性、公平性和 MRV 制度 4 个方面。Liu 等[49]以广东和湖北试点为例,运用 SICGE-R-CO$_2$ 模型研究了两个试点地区在独立运行和相互链接情况下的减排成本情况,结果表明,不同交易机制的链接可以有效地降低区域内的减排成本。Wu 等[50]评估了影响上海市试点机制最终减排成效的不确定性因素,具体来讲包括经济发展方式、配额交易和风险管理、碳泄漏以及 MRV 机制 4 个方面。张昕等等[51]总结了上海碳排放交易市场正式启动以来,上海市碳排放交易市场的机制设计特点、市场运行状况和现阶段面临的问题。陆冰清等[52]、唐玮等[53]和胡静等[54]均从交易规则体系、交易基本制度(包括交易主体范围、总量设定、初始配额分配方法、MRV 体系)、市场成交量和成交价格等方面简要分析了上海市碳市场的建设情况和进展。

本章参考文献

[1]　田春秀,冯相昭,刘哲. 促进碳排放交易市场健康发展[EB/OL]. 中国环保网. 2014. http://www. china environment. com/view/ViewNews. aspx? k=20140814111546781.

[2]　清洁发展机制执行理事. 清洁发展机制执行理事会作为《京都议定书》缔约方会议的《公约》缔约方会议提交的年度报告[EB/OL]. 2013. http://unfccc. int/resource/docs/2013/cmp9/chi/05p01c. pdf.

[3]　《温室气体自愿减排交易管理暂行办法》,发改气候[2012]1668 号.

[4]　中创碳投. CCER 项目减排量备案申请超千万吨[EB/OL]. 2014. http://www. crrainfo. org/content-19-16454-1. html.

[5]　创绿中心. 2013 中国碳市场民间观察[R]. 2013.

[6]　Kristin Stechemesser, Edeltraud Guenther. Carbon accounting:a systematic literature review[J]. Journal of Cleaner Production,2012,36:17-38.

[7] Zhao Yu, Chris P Nielsen, Michael B McElroy. China's CO_2 emissions estimated from the bottom up: Recent trends, spatial distributions, and quantification of uncertainties [J]. Atmospheric Environment, 2012, 59: 214-223.

[8] Chen G Q, Chen Z M. Carbon emissions and resources use by Chinese economy 2007: A 135-sector inventory and input-output embodiment [J]. Communications in Nonlinear Science and Numerical Simulation, 2010, 15(11): 3647-3732.

[9] Chen G Q, Zhang Bo. Greenhouse gas emissions in China 2007: Inventory and input-output analysis [J]. Energy Policy, 2010, 38(10): 6180-6193.

[10] Geng Yuhuan, Tian Mingzhong, Zhu Qian, et al. Quantification of provincial-level carbon emissions from energy consumption in China [J]. Renewable & Sustainable Energy Reviews, 2011, 15(8): 3658-3668.

[11] Liu Zhu, Geng Yong, Soeren Lindner, et al. Uncovering China's greenhouse gas emission from regional and sectoral perspectives [J]. Energy, 2012, 45(1): 1059-1068.

[12] Yu Wei, Roberto Pagani, Lei Huang. CO_2 emission inventories for Chinese cities in highly urbanized areas compared with European cities [J]. Energy Policy, 2012, 47: 298-308.

[13] Sugar Lorraine, Kennedy Christopher, Leman Edward. Greenhouse gas emissions from Chinese cities [J]. Journal of Industrial Ecology, 2012, 16(4): 552-563.

[14] Geng Yuhuan, Peng Changhui, Tian Mingzhong. Energy use and CO_2 emission inventories in the four municipalities of China [J]. Energy Procedia, 2011, 5: 370-376.

[15] Zhang J, Guo R. Analysis of energy use and related carbon emissions in Beijing and Shanghai [J]. Applied Mechanics and Materials, 2013, 291: 1365-1369.

[16] Liu Zhu, Liang Sai, Geng Yong, et al. Features, trajectories and driving forces for energy-related GHG emissions from Chinese mega cites: The case of Beijing, Tianjin, Shanghai and Chongqing [J]. Energy, 2012, 37(1): 245-254.

[17] 赵倩. 上海市温室气体排放清单研究 [D]. 上海: 复旦大学, 2011.

[18] Wang Yansong, Ma Weichun, Tu Wei, et al. A study on carbon emissions in Shanghai 2000－2008, China [J]. Environmental Science & Policy, 2013, 27: 151-161.

[19] Zhao Min, Tan Lirong, Zhang Weiguo, et al. Decomposing the influencing factors of industrial carbon emissions in Shanghai using the LMDI method [J]. Energy, 2010, 35: 2505-2510.

[20] Chen Wei, Zhu Dajian. Decomposition of energy-related CO_2 emissions from Shanghai's industries and policy implications [J]. Chinese Journal of Population, Re-

sources and Environment, 2012,10(3):40-46.

[21]　朱跃中. 未来中国交通运输部门能源发展与碳排放情景分析[J]. 中国工业经济, 2001,(12):30-35.

[22]　Coase R H. The Problem of Social Cost[J]. Journal of Law and Economics,2013,56 (4):837-877.

[23]　Dales J. Pollution Property and Prices [M]. Toronto: University of Toronto Press,1968.

[24]　Montgomery W. Markets in licenses an efficient pollution control programs[J]. Journal of Economic Theory,1972,5(3):395-418.

[25]　Taschini L. Environmental economics and modeling marketable permits[J]. Asian Pacific Financial Markets,2009,17(4):325-343.

[26]　Newell R G,Pizer W A, Raimi D. Carbon Markets: Past, Present, and Future. Resources for the Future[J]. Annual Review of Resource Economics, 2012, 6 (1): 191-215.

[27]　Christoph Böhringer, Bouwe Dijkstra, Knut Einar Rosendahl. Sectoral and regional expansion of emissions trading[J]. Resource and Energy Economics,2013(12):3.

[28]　Wu H,Hu G. Review of Carbon Emission Trading Outside China[J]. Resources Science,2013,35(9):1828-1838.

[29]　Cramton P,Kerr S. Tradeable carbon permit auctions-How and why to auction not grandfather[J]. Energy Policy,2002,30(4):333-345.

[30]　Hepburn C,Grubb M,Neuhoff K,et al. Auctioning of EU ETS phase II allowances: how and why? [J]. Climate Policy,2006,6(1):137-160.

[31]　Benz E,Loschel A, Sturm B. Auctioning of CO_2 emission allowances in Phase 3 of the EU Emissions Trading Scheme[J]. Climate Policy,2010,10(6):705-718.

[32]　Shobe William,Palmer Karen L,Myers Erica C,et al. An Experimental Analysis of Auctioning Emissions Allowances Under a Loose Cap. RFF Discussion Paper No. 09-25,2009. Available at SSRN:http://ssrn. com/abstract＝1427292 or http://dx. doi. org/10. 2139/ssrn. 1427292

[33]　Mandell S. The choice of multiple or single auctions in emissions trading[J]. Climate Policy,2005,5(1):97-107.

[34]　Sunnevag K J. Auction design for the allocation of emission permits in the presence of market power[J]. Environmental ﹠ Resource Economics,2003,26(3):385-400.

[35]　Dormady N C. Market power in cap-and-trade auctions: A Monte Carlo approach[J].

Energy Policy,2013,62:788-797.

[36] Haita C. Endogenous market power in an emissions trading scheme with auctioning [J]. Resource and Energy Economics,2014,37:253-278.

[37] Corrigan J R. Is the experimental auction a dynamic market? [J]. Environmental & Resource Economics,2005,31(1):35-45.

[38] Cherry T L,Frykblom P,Shogren J F,et al. Laboratory testbeds and non-market valuation: The case of bidding behavior in a second-price auction with an outside option [J]. Environmental & Resource Economics,2004,29(3):285-294.

[39] Cason T N,Gangadharan L. A laboratory comparison of uniform and discriminative price auctions for reducing non-point source pollution[J]. Land Economics,2005,81(1):51-70.

[40] Wu M M. China's Carbon Emissions Trading Market Analysis[J]. Environment Materials and Environment Management Pts 1-3. Z. Y. Du and X. B. Sun,2010,113-116:484-487.

[41] Cheng C P,Zhang X. A Study on the Construction of China's Carbon Emissions Trading System[C]. 2010 International Conference on Energy,Environment and Development,2011,5:1037-1043.

[42] Lo A Y. Commentary: Carbon emissions trading in China[J]. Nature Climate Change,2012,2(11):765-766.

[43] Wang Q. China has the capacity to lead in carbon trading[J]. Nature,2013,493(7432):273-273.

[44] Wei Q,Tian M M. Building Carbon Emissions Trading System for China under the Experience of EU Emissions Trading System[J]. Applied Mechanics and Materials,2013,411(414):2505-2510.

[45] Hart C,Zhong M. China's Regional Carbon Trading Experiments and The Development of A National Market: Lessons From China's SO_2 Trading Programme[J]. Energy & Environment,2014,25(3-4):577-592.

[46] Cui L B,Fan Y,Zhu L,et al. How will the emissions trading scheme save cost for achieving China's 2020 carbon intensity reduction target? [J]. Applied Energy,2014,136:1043-1052.

[47] Duan M S,Pang T, Zhang X L. Review of Carbon Emissions Trading Pilots in China [J]. Energy & Environment,2014,25(3-4):527-549.

[48] Zhang Da,Karplus V J,Cassisa Cyril,et al. Emissions trading in China: Progress and

prospects[J]. Energy Policy,2014(1):22.

[49]　Liu Y,Feng S H,Cai S F,et al. Carbon emission trading system of China：a linked market vs. separated markets[J]. Frontiers of Earth Science,2013,7(4):465-479.

[50]　Wu L, Qian Haoqi, Li Jin. Advancing the experiment to reality：Perspectives on Shanghai pilot carbon emissions trading scheme[J]. Energy Policy,2014(4):22.

[51]　张昕,范迪,桑懿.上海碳排放交易试点进展调研报告[J].中国经贸导刊,2014,(24)：63-66.

[52]　陆冰清.上海碳排放交易市场的建设和初步运行简析[J].上海节能,2014,(07):12-14.

[53]　唐玮.上海碳排放交易机制建设探索与实践[J].上海节能,2014,03:11-15.

[54]　胡静,周晟吕.上海碳排放交易机制设计及实施推进特色解析[J].上海节能,2014,02:5-11.

第6章 上海市碳排放交易试点剖析

2012 年 7 月,上海市人民政府下发《关于本市开展碳排放交易试点工作的实施意见》(沪府发〔2012〕64 号),标志着上海市开始建立碳排放交易试点机制。在此之前,国内有关碳排放交易的相关经验主要集中在参与国际减排协议(《京都议定书》)下的清洁发展机制,而对于国内碳排放交易体系的建立还处于空白阶段。因此,包括上海在内的 7 个试点省市所面临的主要任务包括核算碳排放总量等基础数据,研究排放配额的分配方法,建立碳排放交易平台,建立健全碳排放交易的监管制度,以及开展碳排放交易相关各方的能力建设等。

概括来讲,上海市碳排放交易试点机制的建设可以大致分为三个阶段。第一阶段为 2011—2013 年,是试点机制的准备阶段,该阶段主要为试点机制的初步建立打下扎实基础,包括研究确定交易机制所覆盖的范围,研究碳排放配额的分配方法,建立碳排放量监测、报告和核查的方法体系等。第二阶段为 2013—2015 年,为试点机制的起步阶段,该阶段将正式开展配额交易,试点企业在本市交易平台(上海环境能源交易所)上开展场内交易,根据实际运行情况,主管部门加强对交易体系运行情况的跟踪分析,积累、总结经验,进一步健全交易机制,维护交易体系的平稳运行。第三阶段为 2016 年之后("十三五"阶段),碳排放交易机制在前期试点省市的基础上,在全国范围内逐渐铺开,上海市碳排放交易试点机制在已有的经验教训基础上,进一步探索、发展和完善,并与全国范围内的碳排放交易体系平稳衔接。

本章将梳理上海市碳排放交易机制的制度设计框架,考察其现阶段的运行状况,在此基础上,对上海市碳排放交易机制所面临的主要问题进行探讨。

6.1 上海市碳排放交易机制制度设计

碳排放交易机制在设计时主要涉及的要素包括覆盖范围(Scope & Coverage),总量设定(Cap Setting),配额分配(Allocation),灵活性(Flexibility Provisions)，碳排放的监测、报告、核查（Monitoring，Reporting and Verification，MRV）和市场监管（Market Oversight）等。以下将从这些方面来分析上海市碳排放交易试点机制制度设计的特点。

6.1.1　覆盖范围

上海市碳排放交易试点机制的覆盖范围明确的是上海市碳排放交易机制的管控边界。

从覆盖的温室气体种类来看，《京都议定书》附件中规定的温室气体种类有，二氧化碳（CO_2）、甲烷（CH_4）、氧化亚氮（N_2O）、氢氟碳化物（HFCs）、全氟化碳（PFCs）、六氟化硫（SF_6）6 种。同发达国家相比，我国在温室气体排放监测方面的基础较为薄弱。与此同时，二氧化碳排放量通常在温室气体排放总量中占主要部分。因此，上海市碳排放交易机制在初期仅涵盖二氧化碳的排放，其余种类的温室气体排放暂不纳入。

从覆盖的排放部门/来源来看，二氧化碳的排放来源包括能源、工业过程和产品使用、废弃物处置等。其中，绝大部分的碳排放来自于能源利用，这也是上海市碳排放交易机制针对的重点。此外，上海市碳排放交易机制还纳入了一部分工业生产过程中的碳排放。

从覆盖的行业来看，上海市碳排放交易试点机制既包含了工业行业，也包含了交通、服务行业。具体来讲，将钢铁、石化、化工、有色、电力、建材、纺织、造纸、橡胶、化纤等工业行业中二氧化碳年排放量 2 万吨及以上的企业，和航空、港口、机场、铁路、商业、宾馆、金融等非工业行业中二氧化碳年排放量 1 万吨及以上的企业纳入了碳排放交易试点范围。在试点期间，纳入碳排放交易机制的试点企业数量为 191 家。根据对上海市 2010 年碳排放量数据和试点企业碳排放量的估算[1]，上海市碳排放交易试点机制覆盖的 190 余家试点企业的碳排放量约占上海市碳排放总量的 50%～60%。

6.1.2　总量设定

碳排放交易机制的总量设定从根本上约束了机制覆盖的排放实体的碳排放总量上限，也决定了可供分配的排放配额总量。总量设定既要实现控制碳排放的环境目标，又要兼顾实现减排在经济上的可行性。

现阶段,上海市碳排放交易试点机制还处在起步阶段,在总量设定这一问题上还比较模糊。现有的政策文件中还没有一套比较明确的、系统的,从宏观上设定碳排放交易机制总量的方法。目前上海市碳排放交易试点机制的排放总量控制是"自下而上"形成的,即先对所有试点企业的历史碳排放情况(2009—2011 年)进行盘查,针对不同行业,以历史排放法或行业基准法分别确定每家企业在试点期间(2013—2015 年)的配额数量,再将所有试点企业的配额数量加总,"自下而上"地形成。关于试点期间(2013—2015 年)各年度的配额总量,也缺乏官方信息。根据相关媒体报道,上海市碳排放交易试点在 2013 年的配额总量约为 1.6 亿吨。

6.1.3 配额分配

配额分配方法是碳排放交易机制中非常重要的内容,其实质就是对碳排放权的分配,它直接关系到纳入交易机制的试点企业获得配额(碳排放权)的数量和成本。碳排放配额分配方式可分为有偿分配和无偿分配两种方式。有偿分配主要采用定价出售或公开拍卖来进行。无偿分配方法根据确定配额数量所依据的不同原则,可分为历史排放法(又称"祖父制"法)和基准线法。

上海市碳排放交易试点机制现阶段试点期间主要采用无偿分配,并结合不同行业的特点和碳排放管理的现有基础,采取历史排放法为主、基准线法为辅的原则,确定试点企业的排放配额数量。对于电力、航空、港口、机场等产品(服务)结构比较单一的行业,采用基准线法。采用基准线法分配配额时,以 2009 年至 2011 年为基准期,将基准年份正常生产运营的平均业务量结合碳排放交易试点各年度(2013—2015 年)制定的行业排放基准,确定并一次性发放试点企业 2013 年至 2015 年各年度预配额。在各年度清缴期前,再根据企业当年度实际业务量对其年度预配额进行事后调整。除了以上提到的电力等少数行业,其他行业,如钢铁、有色、化工等,由于行业的产品(服务)结构较为复杂,差异性较大,因此均采用历史排放法来进行配额分配。在采用历史排放法时所选择的基准期也是 2009 年至 2011 年。此外,在参考企业历史排放基数的同时,还兼顾了企业在试点之前先期碳减排情况和在试点期间新增生产经营项目的配额需求,使得配额分配更加合理、公平。

6.1.4 碳排放的监测、报告、核查

碳排放量数据是碳排放交易机制建立的基础,可靠、真实的碳排放量数据

可以为配额分配提供重要依据,也有利于碳排放交易机制实现既定的排放控制目标。碳排放的监测、报告、核查(Monitoring, Reporting and Verification, MRV)体系须要依据科学、完善的方法学。现阶段,上海市碳排放交易试点机制形成了以"1+9"方法学指南为核心的碳排放监测、报告、核查体系。"1+9"方法学包括 1 个总指南即《上海市温室气体排放核算和报告指南(试行)》(沪发改环资[2012]180 号)和 9 个分行业指南。分行业指南是在总指南的基础上根据 9 个子行业的特点,进一步制定出适应该行业的碳排放监测、报告、核查方法。这 9 个分行业具体包括电力、热力生产业,钢铁行业,化工行业,有色金属行业,纺织、造纸行业,非金属矿物制品业,航空运输业,运输站点行业,旅游饭店、商场、房地产业及金融业。此外,上海市还制定了《上海市碳排放核查工作规则(试行)》和《上海市碳排放核查第三方机构管理暂行办法》为碳排放的核查提供方法依据。

在对碳排放量进行监测、报告、核查的过程中,纳入交易机制的试点企业主要负责制定年度碳排放量监测计划,并编制年度碳排放量报告。试点企业的排放量报告在经过独立的第三方核查机构出具核查报告后,最终由主管部门审查确定企业的碳排放量。图 6-1 显示了上海市碳排放监测、报告、核查体系的基本流程。

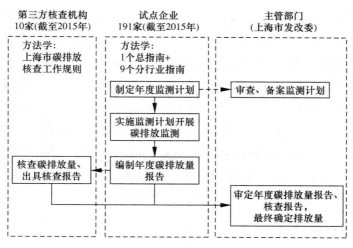

图 6-1　上海市碳排放监测、报告、核查体系流程示意图

6.1.5 灵活性

碳排放交易是一种基于市场的减排机制,相较于其他减排手段,如行政命令、征收碳排放税等,其最大的不同在于能够最大限度地调动各方积极性,降低减排成本。碳排放交易机制的灵活性程度决定了控排企业选择减排策略时的自由裁量空间大小。碳排放交易机制的灵活性主要是指对碳排放配额的储存、借贷和碳减排信用的使用的规定限制。碳排放配额的储存、借贷有助于控排企业应对碳排放交易市场的波动。配额储存是指控排企业可以将完成配额清缴后富余的排放配额留存至后续的履约期内使用。配额储存意味着鼓励控排企业在近期实施减排,用近期的减排措施换取未来时期内更大的碳排放空间。相反,碳排放配额的借贷是指允许控排企业预支下一履约期将获得的碳排放配额,来履行当前履约期的配额清缴义务。碳配额的借贷意味着允许控排企业在短期内适当推迟实施减排,采取时间换取空间的策略,以在未来减排较容易(减排成本较低)的时期再进行减排。此外,由于排放主体间的减排成本存在较大差异,控排企业也可以选择购买由碳减排项目产生的经过核证的碳减排量,即减排信用,来抵消自身的排放,完成履约义务。

在试点期间(2013—2015年),上海市碳试点机制采取在试点开始时一次性向企业发放2013年、2014年、2015年三年配额。不同年度的碳排放配额只允许储存而不允许借贷,即试点企业在清缴配额完成履约义务时,只能使用当年度和往年度剩余配额,而不能预支未来的排放配额。由于上海市碳试点机制才刚刚起步,只允许配额储存而不允许配额借贷的制度设计,同国内外碳排放交易机制的发展经验是一致的。禁止配额借贷可以降低试点企业在未来无法完成履约义务的风险。在使用碳减排信用方面,上海市允许试点企业使用一定比例国家核证自愿减排量(China Certificated Emission Reduction,CCER)用于配额清缴。清缴时,每吨国家核证自愿减排量相当于1吨碳排放配额,国家核证自愿减排量的使用比例不得超过清缴配额总量的5%。

6.1.6 市场监管

碳排放交易机制是通过法律、政策建立起来的市场交易机制,市场的平稳运行需要健全的监管措施。目前,在配额交易方面,上海市碳排放交易试点机制的监管措施包括对交易平台、交易主体、交易方式、价格浮动等做出明确规定。交易平台指定为上海环境能源交易所,交易主体为 191 家试点企业和符合规定的 20 余家投资机构(截至 2015 年初),交易方式为协议转让和挂牌交易。碳排放交易在风险管理方面实行涨跌幅限制制度、配额最大持有量限制制度、大户报告制度、风险警示制度和风险准备金制度。配额价格的涨跌幅比例为30%,参与交易的主体持有的配额数量不得超过规定限额。

此外,试点企业需要承担监测、报告自身碳排放状况,接受第三方核查,以及履行配额清缴等义务。对于拒不履行配额清缴义务的试点企业,主管部门可采取罚款(5 万～10 万元),将企业的违约情况记入工商、税务、金融等部门的信用档案,取消企业获得节能减排专项资金的资格,不予受理企业新建固定资产投资项目的节能评估等处罚措施。

6.2　上海市碳排放交易试点机制运行情况

2013 年 11 月,上海市碳排放交易试点机制开始正式交易,上海市成为继深圳之后第二个开始配额交易的试点地区。本节将从履约情况和配额交易情况两方面来分析上海市碳排放交易试点自启动以来的运行情况。

6.2.1　履约情况

试点企业从制定年度碳排放监测计划,开展监测,编制年度碳排放量报告,接受第三方核查机构核查,接受主管机关审定年度碳排放量,到最终清缴碳排放配额抵消碳排放量,这一系列紧密相连的过程称为履约周期(Compliance Period)。可以看出,履约周期和碳排放的监测、报告、核查密切相关,每一个环节都须严格遵循上海市颁布的相关方法学标准,以此来确保碳排放交易机制基础排放数据的真实性、可靠性。履约周期的最后一个环节是配额清缴。只有确保绝大部分试点企业顺利完成配额清缴,才能达到控制试点企业碳排放量的目的。同时,在履约周期中试点企业可以进一步掌握自身碳排放状况,从而更好地参与碳排放交易。因此,履约情况的好坏直接反映出一个碳排放交易机制的运行状况。根据上海市碳排放管理试行办法等相关政策的规定,表 6-1 总结了上海市碳排放交易机制履约周期中涉及的关键时间节点。

表 6-1　　　　　　上海市碳排放交易机制履约周期关键时间节点

时　间	实施主体	任　务
3 月 31 日前	试点企业	编制本单位上一年度碳排放报告,并报送上海市发改委
4 月 30 日前	第三方核查机构	对试点单位提交的碳排放报告进行核查,并向市发改委提交核查报告
收到核查报告之日起 30 日内	市发改委	依据核查报告和碳排放报告,审定试点企业的年度碳排放量,并将审定结果通知试点单位
6 月 1 日至 6 月 30 日	试点企业	根据市发改委最终审定的上一年度碳排放量,通过配额登记系统,足额提交配额,履行清缴义务
12 月 31 日前	试点企业	制定下一年度碳排放监测计划,明确监测范围、监测方式、频次、责任人员等内容,并报送市发改委备案

　　2013 年至 2014 年 6 月是上海市碳排放交易试点的首个履约周期。从履约结果来看,上海市碳排放交易试点机制取得了良好的表现。191 家试点企业全部在 6 月 30 日之前按期完成了配额清缴工作,履约率达 100%。从和国内其他碳排放交易试点省市的履约情况对比来看,深圳、广东、北京、天津首轮履约期的履约率分别为 99.4%、98.9%、97.1%、96.5%,均有少数企业最后未能完成履约义务,并且以上部分试点地区还存在主管部门根据实际履约进展对部分试点企业最后履约期限予以宽限的情况。从这个意义来看,上海在首轮履约期中取得 100% 的履约率实属不易,这也说明上海市碳排放交易试点机制在前期的基础工作较为充分,为后续的履约工作打下了扎实的基础。

6.2.2　交易情况

　　上海市碳排放交易试点机制的交易状况可以通过配额成交量和成交价格两个指标来反映。图 6-2 显示了上海市 2014 年全年的碳配额成交价格和成交量情况。

　　2014 年上海市碳排放交易试点碳配额交易的成交总量为 199.7 万吨,成交总金额为 7614 万元,成交均价为 38 元/吨。从交易活跃程度来看,2013 年上海碳排放交易试点机制的配额总量约为 1.6 亿吨,2014 年的配额总量与 2013 年相当。2014 年配额交易量占当年配额总量的比例仅为 1.2%,交易活跃程度较

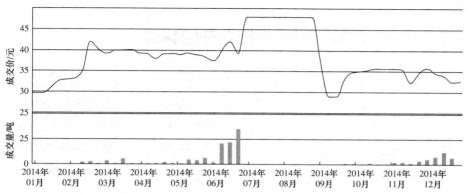

图 6-2　2014 年上海市碳排放交易试点成交量和成交价格情况

低。从成交量来看,如图 6-2 所示,全年的成交量分布非常不均匀,大部分的成交是在 5 月、6 月和 12 月这少数几个月的时间内达成的。其中,6 月份的成交量达80.3万吨,占全年成交总量的四成,其余月份的成交量都普遍不大,1 月、7月和 8 月还出现了长时间的日成交量为零的情况。出现这种状况的原因主要在于,当前绝大部分试点企业的碳管理经验和能力还非常欠缺,对自身碳排放和配额赢缺状况并不十分清楚,参与配额交易的动力不足。2014 年 6 月 30 日,上海市碳排放交易试点机制的首个履约期(2013 年至 2014 年 6 月)结束,大部分试点企业是在 5 月份主管部门出具其上年度碳排放量的审定结果之后,才明确自身的碳排放量和配额赢缺状况。因此,随着 6 月底最后履约期限的迫近,大部分企业才开始集中交易,导致成交量大幅增长。然而进入 7 月份,随着首轮履约期结束,成交量便骤降,出现了长期的日成交量为零的情况。从成交价格来看,2014 年全年上海市碳排放交易机制的配额价格在 30 元每吨至 48 元每吨之间变化,配额价格在国内 7 个试点地区处于中等水平。2014 年上半年,随着履约截止期的迫近,成交价格呈现逐步上升趋势,从 1 月的约每吨 30 元上涨至 6 月底的 48 元。这也反映出随着履约截止期限的迫近,碳配额的需求量明显增加。与之相比,在 2014 年下半年,碳配额成交价格出现明显下降。七、八月份均没有交易量产生,之后成交价格一直处于 35 元每吨左右的水平。这反映出在进入第二个履约周期(2014 年 7 月—2015 年 6 月)后,由于距离履约截止期限(2015 年 6 月)还有较长时间,试点企业参与交易的意愿有限,碳排放交易市场上的配额需求量较小。

6.3　上海市碳排放交易机制存在的问题

　　上海市碳排放交易试点机制目前还处在起步阶段,在交易机制建设方面只是初步搭建起一个框架,还存在诸多不足和问题,需要在运行过程中不断发展完善。张昕等将现阶段上海市碳排放交易机制存在的主要问题归纳为:法律效力较弱;配额分配尺度松紧不一,调整能力较弱;碳排放交易市场流动性受限制,市场活跃度不高;尚未真正建成以市场为基础的价格机制;企业减排目标与节能考核目标没有直接挂钩,影响部分企业参加碳排放交易的积极性。[2]

　　本节将从碳排放交易机制建立目标的角度来探讨当前上海市碳排放交易试点机制所面临的问题。从根本上讲,碳排放交易机制是以市场的经济手段来实现碳排放量减排的制度,其建立目标包含两个:一是具有环境属性的目标,即碳排放交易机制是否能够实现对碳排放量的控制;二是具有经济属性的目标,即碳排放交易机制是否能够通过市场来对碳排放权定价,发现碳排放权的合理价格。

　　首先,从实现对碳排放量的控制来看,现阶段上海市碳排放交易试点机制在制度设计上还存在缺陷。

　　虽然在《上海市碳排放管理试行办法》等政策文件中明确提出,碳排放配额总量应根据国家控制温室气体排放的约束性指标,结合本市经济增长目标和能源消费总量目标予以确定,但是在实际执行过程中,上海市碳排放交易试点机制在总量设定这一问题上进行了一定程度的回避。现阶段,上海市碳排放交易试点机制的总量是根据纳入交易的 191 家试点企业的碳排放量总和"自下而上"地估算得出的。上海市也并没有公布试点各年度的配额总量信息,这使得碳排放交易市场上缺乏公开、透明的信息,增加了试点企业、投资机构参与配额交易的困难。总量设定直接决定了交易机制覆盖的排放实体所允许达到的排放量上限,具有强制性,从而确保碳排放约束目标的实现。总量目标设定不清晰,也给交易机制有效控制碳排放量增加了困难。

　　第二,从碳排放交易机制具有的经济属性目标来看,碳市场需要有效地发现碳排放权(排放配额)的价格,形成稳定的价格信号和预期。只有当碳市场的价格在一个合理的范围时,才能更好地激励排放实体实施减排行动,实现全社会减排成本的最优化。

由上一节分析可知,目前上海市碳市场的配额交易并不活跃,市场流动性严重不足,且有限的交易量分布非常不均,主要集中少数几个月。在这种情况下形成的成交价格并没有真实反映出碳排放交易市场的供需情况,也没有反映出真正的减排成本,受到政策导向和人为操作的影响较大。因此,上海市碳排放交易尚未真正形成以市场为基础的价格机制,价格发现功能还存在很大不足。这与上海市碳排放交易试点机制所处的发展阶段和自身特点密切相关。目前,绝大部分的试点企业还缺乏参与碳排放交易的能力经验,对参与配额交易的积极性不高,态度谨慎,这直接影响了市场交易的活跃程度。更为重要的是,上海市碳市场本身的碳配额总量较小,覆盖的试点企业数量少,并且存在明显的配额垄断现象,少数几家排放量巨大的企业掌握的配额量占配额总量的约70%,给增加市场流动性、活跃市场交易带来了较大困难。

第三,上海市碳排放交易试点机制在配额分配时还主要采用免费发放的形式。随着交易机制的进一步发展,也可以借鉴成熟碳市场的经验,在配额分配环节引入拍卖,进一步健全交易机制的价格发现功能。

碳市场价格形成机制的建立、完善是一个循序渐进的过程,并遵循一定的先后顺序。一级市场是二级市场的基础,现货市场是衍生品市场的基础。一级市场的价格对于二级市场的现货和衍生品价格都有着重要影响。如果一级市场的规模较小,活跃度和成熟度低,二级市场也很难形成较大的规模。在一级市场中,配额拍卖是最主要和有效的定价方式。通过拍卖,能够直接为市场上的碳配额提供一个明确的价格信号。

考察目前上海市碳排放交易试点机制的价格形成机制可以发现,在试点阶段(2013—2015年),上海市碳排放交易试点机制的价格形成机制还存在很大缺陷,价格形成主要依赖于二级市场中的现货市场。由于对配额实行全部免费分配,一级市场并不具备价格发现功能。同时,二级现货市场交易活跃程度很低,使得目前形成的价格也不能较好地反映配额的供求关系和碳减排成本情况。在短期内,由于法律政策和市场成熟度的限制,在上海市碳排放交易试点机制中建立衍生品市场的可能性很小,完善价格形成机制主要依靠加强对一级市场的建设。图6-3概括了上海市碳排放交易试点价格形成机制的发展、完善路径。如图6-3所示,在近期,上海市应着重加强对一级市场的建设。配额分配方式逐步由免费发放转变为拍卖,使得一级市场和二级现货市场可以共同形成价格,为进一步建立二级衍生品市场打下良好基础,从而最终形成一个多层次的价格形成机制。

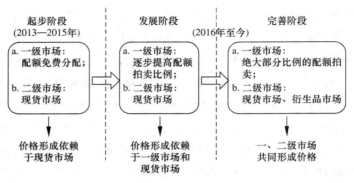

图 6-3　上海市碳排放交易试点价格形成机制发展路径

本章参考文献

[1]　Wu Libo, Qian Haoqi, Li Jin. Advancing the experiment to Reality: perspectives on Shanghai pilot carbon emissions trading scheme[J]. Energy Policy, 2014.

[2]　张昕,范迪,桑懿.上海碳排放交易试点进展调研报告[J].中国经贸导刊,2014,(24):63-66.

第7章 总量设定

运用第 2 章提出的理论、方法,本章重点解决上海市碳排放交易机制总量设定这一问题。具体来讲,本章的内容分为两大部分:第一部分是对 2004 年至 2013 年期间上海市的历史能源消耗碳排放状况进行分析,包括排放量变化趋势、行业分布特点等;第二部分是运用情景分析方法来探讨上海市碳排放交易机制试点第二阶段(2016—2020 年)的总量设定情况,首先讨论了上海市碳排放交易机制总量与能源碳排放之间的联系,然后对影响总量设定的主要因素进行甄别,在此基础之上,进行情景设定、情景计算,最后得出结论。第一部分内容为第二部分内容提供依据、奠定基础。

7.1 上海市能源消费二氧化碳排放现状研究

上海市碳排放交易机制的构建需要以上海市温室气体排放为基础,掌握上海市碳排放现状,是推进碳排放交易试点,制定总量控制目标,出台碳排放配额分配方案等工作的基础,并对上海市碳排放交易机制的设计提出更加合理、有效的建议。上海市排放的温室气体主要有二氧化碳、甲烷以及氧化亚氮,其中二氧化碳的排放占 95% 以上,因此本节着重分析上海市二氧化碳的排放情况。目前,上海市没有官方公布的碳排放数据,相关的一些碳排放数据研究主要是来源于文献、独立机构的报告等。二氧化碳的排放主要来自于能源利用、工业生产过程、废弃物处置、土地利用变化等,其中能源利用造成的排放远远超过其他来源的排放,占总排放量的 90% 以上(图 7-1)。

因此,基于现有的数据资料基础,本节将按照上海市能源消费的实际情况估算上海市二氧化碳的排放情况,主要讨论 2004—2012 年上海市能源消费碳排放情况,具体包括上海市一二三产业、生活消费及总量排放情况,各主要行业的排放情况。上海市能源消费数据主要来源于《上海市工业交通能源统计年鉴 2004—2009》和《上海市能源统计年鉴 2010—2012》。

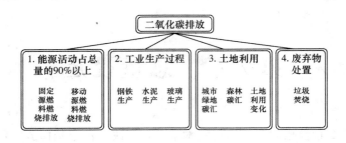

图7-1 上海市二氧化碳排放清单构成[1]

7.1.1 计算方法

依据《2006年IPCC国家温室气体清单指南》中给出的能源消耗碳排放量计算方法。能源消耗碳排放量的计算方法可概括为参考方法和部门方法包括分部门计算的一般方法和分部门计算的优良方法。

部门法是指由下而上的方法,它是基于分部门、分设备、分燃料品种的活动水平数据、各种燃料品种的单位发热量和含碳量,以及消耗各种燃料的主要设备的氧化率等参数通过逐层累加综合计算得到总排放量。该方法计算的结果较为准确,但是所需要的数据量和工作量很大。

参考方法是一种自上而下的方法,由一个国家(地区)的各种矿物燃料的表观消费量,与各燃料品种的单位发热量、含碳量以及消耗各种燃料的主要设备的平均氧化率,并扣除矿物燃料非能源用途的固碳量等参数综合计算而得。这种方法只是根据一次和二次燃料的区别,基于一次燃料的表观消费状况,对不同燃料类型排放量进行总的估算,见式(7-1)。

$$E = \sum \cdot \sum AC_{i,j} \cdot NCV_j \cdot CC_j \cdot O_j \cdot 44/12 \qquad (7-1)$$

式中　E——能源消耗二氧化碳排放总量;

　　　i——不同部门;

　　　j——消耗的能源种类;

　　　AC——能源消耗量,吨标准煤;

　　　NCV——平均低位发热量,MJ/(t·km³);

　　　CC——单位热值的含碳量,tC/TJ;

O——碳氧化率(‰),在计算时取 100%;

44/12——为二氧化碳与碳的相对分子质量比。

相比较而言,上海市目前并没有建立起一个比较完备的基于排放设施的数据体系,因此主要考虑采用能源统计年鉴中的数据等,依据参考方法计算碳排放量。

式(7-1)式中,对于一个确定的能源种类,NCV(平均热值)、CC(含碳量)、和 O(碳氧化率)均为常数,因此,可以把式中的常数项合并,将式(7-1)简化为式(7-2):

$$E= \sum \cdot \sum AC_{i,j} \cdot EF_j \qquad (7-2)$$

式中,EF_j 为该种能源的二氧化碳排放因子,单位吨标准煤。

表 7-1 和表 7-2 列出了各类一次能源和二次能源的二氧化碳排放因子,二次能源(热力、电力)的排放因子由生产二次能源所消耗的一次能源量折算而成。由一次能源产生的排放属于范围一的直接排放,由二次能源使用产生的排放属于范围二的间接排放。

表 7-1　　　　各类一次能源二氧化碳排放因子　　　　单位:吨标准煤

能源种类	二氧化碳排放因子	能源种类	二氧化碳排放因子
原煤	2.77178	柴油	2.17113
洗精煤	2.77178	燃料油	2.26782
焦炭	3.13510	液化石油气	1.84883
焦炉煤气	1.30092	炼厂干气	1.68768
其他煤气	1.30092	天然气	1.64373
原油	2.14769	其他石油制品	2.14769
汽油	2.03049	其他焦化产品	2.36451
煤油	2.09495		

表 7-2　　　　2004—2012 年电力、热力的二氧化碳排放因子　　　　单位:吨标准煤

年份	电力	热力
2004	2.70948	2.68103
2005	2.69537	2.63245
2006	2.51541	2.83284
2007	2.65516	2.76577

续表

年份	电力	热力
2008	2.653 09	2.625 91
2009	2.583 81	2.607 59
2010	2.517 03	3.007 30
2011	2.512 14	2.932 70
2012	2.503 62	2.879 16

7.1.2 结果分析

表 7-3 和图 7-2 是上海市的终端能源消费碳排放量和能源消耗碳排放量。从排放总量来看,2004—2013 年,上海市能源消费碳排放量保持增长趋势,从 2004 年的约 1.71 亿吨增长到 2013 年的约 2.68 亿吨,年均增长率约为 6.1%,低于同期上海市地区生产总值年均增速;在增速上,2004—2008 年期间,排放总量增长速度相对较快,2009—2013 年期间,排放总量增速趋于平缓。

表 7-3　　　　2004—2013 年上海市终端能源消费碳排放量情况　　　　单位:万吨

年份	第一产业	第二产业	第三产业	生活消费	总量
2004	247.65	11 055.10	4 410.89	1 363.22	17 076.86
2005	219.81	11 950.04	5 135.74	1 558.86	18 864.45
2006	201.12	12 688.93	5 784.02	1 697.91	20 371.98
2007	171.58	13 837.66	6 846.93	1 921.87	22 778.04
2008	170.78	14 054.05	7 431.54	2 167.36	23 823.73
2009	140.16	13 393.24	7 620.40	2 157.78	23 311.52
2010	141.84	15 110.40	8 111.05	2 263.55	25 626.85
2011	145.07	15 149.17	8 095.77	2 371.70	25 764.65
2012	152.86	14 770.49	8 433.12	2 548.13	25 945.56
2013	163.59	15 132.95	8 497.20	2 962.17	26 755.91

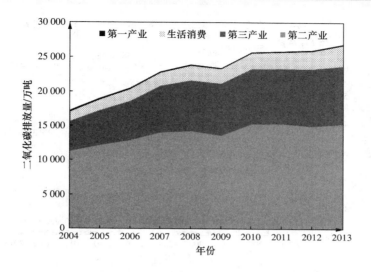

图 7-2　2004—2013 年上海市能源消耗碳排放量情况

从三大产业和生活消费的碳排放量来看,第二产业的排放量最大,其排放量超过了其他产业部门排放量总和,在排放总量中占据主导地位。第三产业的排放量位居第二位,在排放总量中占比为三成左右。第三位是生活消费和第一产业所导致的碳排放量,其中第一产业的排放量很小,占排放总量的不到 1%。以 2011 年为例,第二产业排放量约为 1.5 亿吨,占总量的 59%;第三产业的排放量约为 8100 万吨,占总量的 31%;生活消费约为 2400 万吨,占总量的 9%;第一产业的排放量约为 145 万吨,占总量的不到 1%。不难看出,目前以工业等为代表的生产经营性部门所导致的碳排放量是上海市碳排放总量的主要来源,相比之下,居民生活消费所产生的碳排放量则较小。

从排放量增速和各产业排放量占比的变化趋势来看(图 7-3),第三产业增速最快,从 2004 年的 4410.89 万吨增长到 2013 年的 8497.20 万吨,2004 年至 2013 年间年均增速为 9.1%。相应地,第三产业的排放量占比也逐步提高,排放量比例从 2004 的约 26% 增长至 2013 年的 31.76%。生活消费排放量的增速位居第二,年均增速为 4.6%。第二产业虽然是排放量最大的部门,但是其排放量增速不及第三产业和生活消费。在 2004—2013 年期间的年均增长速度为 4.6%,排放量占比呈现下降趋势,从 2004 年的占比 65% 下降至 2013 年的 56.56%。此外,第一产业的排放量较小,且呈现下降趋势,年均增速为 -7.3%。

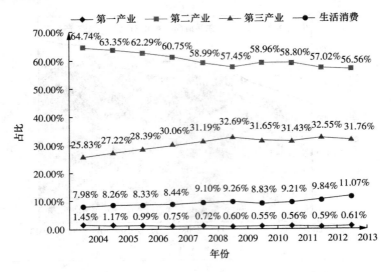

图 7-3 2004—2013 年各行业碳排放量占比情况

根据行业分类,在能源统计年鉴中,第二产业分为工业和建筑业,工业又进一步细分为 34 个子行业,第三产业则分为交通运输、仓储和邮政业,批发、零售业和住宿、餐饮业以及其他行业 3 个子行业部门。从上述分析中可知,上海市能源消耗碳排放量中,第二产业的排放量最大,占比达一半以上;第三产业的排放量位居第二,占比三成左右,但年均增速位居第一。总的来看,上海市的能源消耗碳排放量主要来自于第二、第三产业的生产经营活动。因此,在分析了三大产业和生活消费的碳排放量基础上,研究进一步对第二、第三产业中的子行业部门的能源消耗碳排放量进行了分析,以更全面地了解上海市的碳排放情况。从分析结果来看(图 7-4 和图 7-5),第二、第三产业的排放主要集中于黑色金属冶炼、交通运输储运、石油加工等少数几个行业部门。2013 年,能源消耗碳排放量较大的行业依次为黑色金属冶炼及压延加工业,交通运输储运和邮政业,石油加工、炼焦及核燃料加工业,化学原料及化学制品制造业,电力、热力的生产和供应业,非金属矿物制品业,建筑业,金属制品业,交通运输设备制造业,通用设备制造业,通信设备、计算机及其他电子设备制造业,塑料制品业。

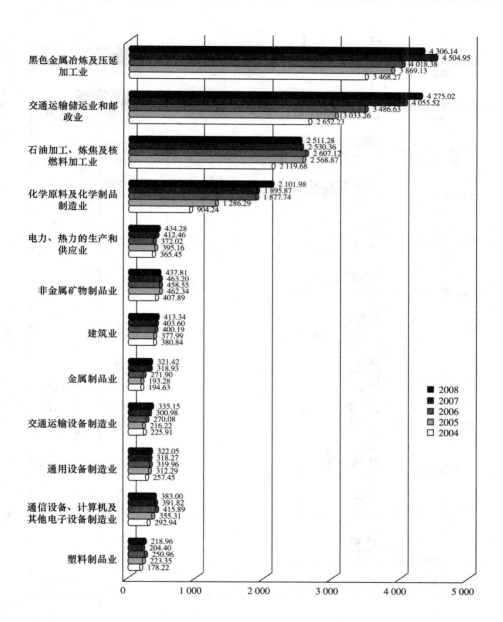

图 7-4　2004—2008 年主要行业能源消耗碳排放量情况（单位：万吨）

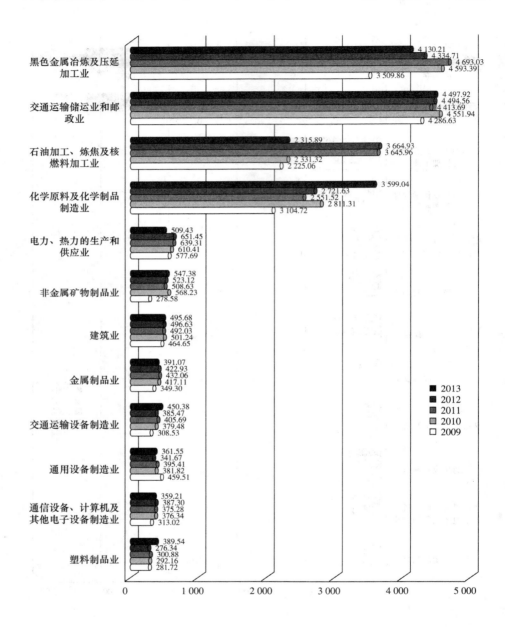

图 7-5 2009—2013 年主要行业能源消耗碳排放情况(单位:万吨)

7.1.3 能源结构和能耗强度

能源结构和能耗强度同碳排放都有着非常密切的关系。从图 7-6 可以看出 2004—2013 年以来上海市一次能源消费结构的变化。同发达国家以石油、天然气为主的能源消费结构明显不同，上海市的一次能源消费结构比较倚重煤炭。尽管近年来煤炭在一次能源消费中的比重处于逐渐下降的趋势，但是，到目前为止，仍然占据了近一半的比例。原油在能源消费结构中的占比在三成左右，变化不大。天然气和电力净调入的占比则呈现明显的上升趋势。天然气占比从 2004 年的近 1.93％，增长到 2013 年的近 10％；电力净调入占比从 2004 年的 5％增长到 2013 年的 12.49％。由于国内的电力有相当一部分是以煤为燃料的火力发电产生，因此，在净调入电力的消费中，也会间接导致碳排放的产生。从表 7-1 中可以看出，煤炭的二氧化碳排放因子要高于石油，石油的二氧化碳排放因子要高于天然气。从碳排放的角度而言，可再生能源（太阳能、风能）的使用过程可以看作是碳中性，即二氧化碳零排放。在石化能源的使用过程中，天然气最为清洁，碳排放强度最低，石油次之，而煤炭的碳排放强度则要高于其他石化能源，最不清洁。

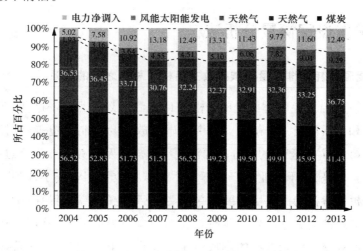

图 7-6 2004—2013 年上海市一次能源消费结构情况

从能耗强度来看，第二产业包括工业和建筑业。工业是能源密集型行业，其单位生产总值能耗要高于第二产业单位生产总值能耗，而第二产业单位生产总值能耗要高于全市单位生产总值能耗。总的来看,上海市的单位生产总值能耗均呈现逐年下降的趋势,且下降趋势比较平稳,近似于线性下降。2004—2013 年期间,全市生产单位生产总值能耗年均下降幅度为 5%～6%(图 7-7)。

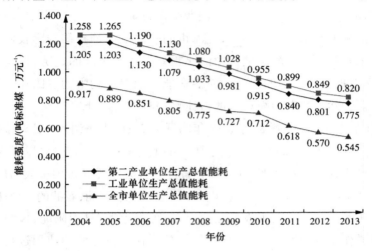

图 7-7 上海市单位生产总值能耗变化情况(生产总值按可比价进行计算)

7.2 总量设定情景分析法

7.2.1 能源消耗碳排放量与碳排放交易机制总量之间的关系

上海市能源消耗碳排放量的产业部门来源可划分为第一产业、第二产业、第三产业和生活消费 4 个部门。上海市碳排放交易机制所覆盖(管控)的碳排放量包括第二、第三产业的部分能源消耗碳排放以及部分工业生产过程所产生的碳排放。但是,由于工业生产过程产生的碳排放量相对较小,因此上海市碳排放交易机制管控的排放量主要是第二、第三产业的能源消耗碳排放。图 7-8 是上海市能源消耗碳排放量与碳排放交易机制总量的关系,从图中可以看出,上海市碳排放交易机制管控的排放量主要来自于上游的生产、经营部门,而下游的生活、消费部门产生的排放则并未纳入。这是由于生产、经营部门的排放特点是单个排放设施的排放量大、排放集中,便于监测管理。生活、消费部门的排放特点是单个排放设施的排放量小、排放分散,监测管理较为困难。根据不同的文献资料估算,上海市碳排放交易机制覆盖的排放量占排放总量的比例大致在50％～60％。上海市发改委网站发布的相关报道显示[2],纳入交易机制的191家试点企业的排放量之和占上海市排放总量的57％左右。

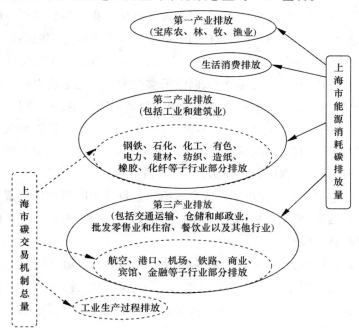

图7-8　上海市能源消耗碳排放量与碳排放交易机制总量关系示意图

7.2.2　总量设定情景分析的时间范围

　　目前,上海市碳排放交易机制正处于试点第一阶段(2013—2015年)。按照上海市碳排放交易机制的发展路径规划,2015年至2020年以前,上海市将根据第一阶段积累的经验,进一步完善交易机制的制度建设。在这一阶段,总量设定无疑将是一个非常重要且难以回避的内容。本研究针对这一问题,探讨在试点第二阶段(2016—2020年)如何设定上海市碳排放交易机制的总量。

7.2.3　影响碳排放交易机制总量设定的主要因素

　　影响碳排放交易机制总量设定的因素可分为两个方面:一是能源消耗碳排放量因素;二是机制设计因素。能源消耗碳排放量数据是碳排放交易机制建立的基础，也是总量设定的主要依据。能源消耗广泛存在于国民经济活动的各个部门和环节，因此，能源消耗导致的碳排放量也受到众多因素的影响，归纳起来，这些因素包括：经济增速；产业结构；能源结构；技术水平（能源利用效率）；人口规模和城市化；居民生活水平。机制设计具体是指交易机制管控的碳排放量范围。通常情况下，碳排放交易机制不可能将所在地区全部的能源消耗碳排放量纳入进来，而是采取"抓大放小"的原则，设置一定的门槛，优先将排放量大、排放增长迅速的行业、设施纳入，以降低监管成本。门槛设置的高低便会直接影响到总量的设定。在影响能源消耗碳排放量的因素中，人口规模和城市化和居民生活水平这两项主要是同下游的生活、消费部门的碳排放相关。上海市碳排放交易试点机制管控的碳排放量主要是来自第二、第三产业的能源消耗碳排放，即上游生产、经营部门的排放，并没有覆盖生活、消费部门所引起的碳排放量。因此，这里讨论上海市碳排放交易机制总量设定时考虑的因素主要有经济增速、产业结构、能源结构、技术水平（能源利用效率）与机制设计。以下对这五个因素做简要分析。

经济增速体现的是经济规模对碳排放量的影响。显然，经济规模扩大，能源消耗量增加，从而导致碳排放量的增加。从中短期来看，上海市的经济总量仍将保持较快增长，经济的增长速度将是影响碳排放量和交易机制总量设定的重要因素。

产业结构将对能源消费强度产生影响。不同产业间的能源消费强度差异较大，总的来看，各产业的能源消费强度由大到小依次为：第二产业单位生产总值能耗，第一产业单位生产总值能耗，第三产业单位生产总值能耗。目前，上海市正处在工业化中后期和经济转型的关键时期，以服务业为代表的第三产业发展迅速，但是第二产业所占的比重仍然较高，未来产业调整还有较大的空间。

能源消费强度除了受到产业结构的影响以外，还与技术水平相关。用能设备的更新改造可以降低单位产品或单位产值的能耗，从提高能源利用效率的角度来减少能源消耗和温室气体排放。

能源结构反映的是能源消费总量中各种能源的占比情况，同时也直接影响着单位能耗的碳排放量。煤炭是一次能源中碳排放因子最高的一种能源。这也意味着在相同的能源消费强度下，如果能源结构以煤炭为主，将导致较高的碳排放。与之相比，天然气的碳排放因子较低，较为清洁。上海市目前的能源结构中,煤炭依然占据了主要地位,天然气、可再生能源所占比例仍然较小。在未来,通过调整能源结构,来控制碳排放量将是一个重要的方向。

管控范围体现了交易机制的设计特点,选择将哪些行业、哪些排放设施纳入到交易机制的监管范围,将直接影响到总量设定。覆盖范围并非越大越好,将过多的行业部门纳入到交易机制中可能会导致监管上升,产生不利影响。因此,上海市碳排放交易机制在考虑覆盖范围时,重点选择了排放量大、排放较为集中、排放量增长较快的行业部门,并且,随着交易机制的不断完善,碳排放监测、管理的逐步成熟,不排除在今后扩大覆盖范围,将更多的子行业部门纳入交易机制的可能性。

7.2.4　情景分析步骤

如上文分析,碳排放交易机制总量设定和多个宏观、微观社会经济因素相关,归结起来,这些影响因素最终是通过经济活动水平、能源消耗强度、碳排放系数、交易机制覆盖范围这 4 个方面来影响总量的设定。总量设定的计算公式为

$$CAP_i = \sum \cdot \sum AI_{i,k} \times EI_{i,k} \times EF_{i,j} \times CP_i \tag{7-3}$$

式中　i——第 i 种情景;

　　k——第 k 个产业部门;

　　j——第 j 个能源品种;

　　CAP——碳排放交易机制总量;

　　AI——(部门)经济活动水平,用产值表示;

　　EI——(部门)能耗强度,用单位产值能耗表示;

　　EF——碳排放系数,用单位能耗的碳排放量表示;

　　CP——交易机制覆盖的碳排放总量比例,用百分比表示。

依据式(7-3),(部门)经济活动水平主要与经济增速和产业结构有关,(部门)能耗强度主要与能源利用效率有关,碳排放系数主要与能源结构有关,覆盖比例与交易机制的制度设计相关。本研究中,部门经济活动水平和部门能耗强度指的是第二产业和第三产业的产值和单位产值能耗表示。结合式(7-3),可以将总量设定情景分析大致分为影响因素识别、参数设置和计算分析 3 个步骤(图 7-9)。

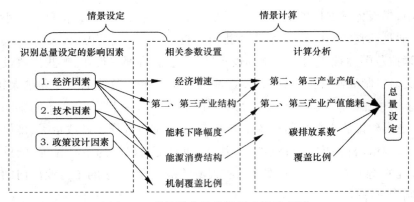

图 7-9　总量设定情景分析步骤示意图

7.2.5　情景定义

根据上海市碳排放交易机制第二阶段(2016—2020 年)经济、社会的发展状况和开展节能减排、推行碳排放交易的政策力度,设置了基准情景、转型情景和低碳情景三种情景,以此来分析不同情景下的能源消耗和总量设定情况。

基准情景是指按照过往对上海及中国经济发展模式的理解,以注重经济增长为首要目的,维持既有发展模式基本不变的情景。转型情景是指上海市的发展阶段由工业化向后工业化转变,产业结构由第二、第三产业并重向以第三产业为主转变,在现有的规划、政策实施力度下,不采取额外干预措施的情景。低碳情景是指在转型情景的基础上,进一步采取更大力度的产业结构、能源结构转型和能耗水平控制,以及更严格的碳排放交易政策管控下的情景。表 7-4 定性描述了三种情景的区别。

表 7-4　　　　　　　　基准情景、转型情景和低碳情景比较

影响因素	基准情景	转型情景	低碳情景
经济增速	较高	中速	较低
产业结构调整力度	较小	中等	较大
能耗下降幅度	较小	中等	较大
能源结构调整力度	较小	中等	较大
碳排放交易政策管控力度(覆盖范围)	同第一阶段(2013—2015 年)基本保持一致	管控力度加强,碳排放交易机制覆盖范围有所扩大	管控力度加强,碳排放交易机制覆盖范围有所扩大

7.2.6 情景参数设置

1. 经济增速

对经济增速的设置可以从两个方面来考虑:一是经济发展遵循一定的规律,即未来一段时期的经济增长速度必然与历史发展趋势存在关联性;二是宏观政策的制定对未来经济走向的预期和影响。就中国和上海的情况而言,比较重要的、具有战略指导意义的宏观规划便是经济社会发展五年规划纲要,规划纲要中制定的经济发展目标对未来一段时期内的经济社会发展都有重要的指导意义。

图 7-10 表示了上海市 2001 年以来的经济增速变化情况。以每个五年规划为一个周期,分别比较"十五"(2001—2005 年)、"十一五"(2006—2010 年)、"十二五"(2011—2014 年)3 个五年规划周期内的年均经济增速情况。3 个五年期内的规划经济增速目标分别为 9%~11%、大于 9% 和 8%,实际经济增速分别为 11.9%、11.2% 和 7.6%。

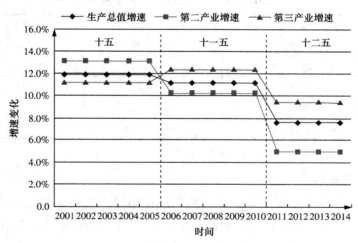

图 7-10 "十五"至"十二五"期间上海市年均经济增速情况

显然,不管规划增速目标,还是实际的年均增速,都呈现一个逐步下降的趋势。这种趋势在"十二五"期间表现更为显著。2011 年至 2014 年,上海市生产总值增速分别为 8.2%、7.5%、7.7% 和 7.0%。最新的数据显示[3],2015 年一季度上海市的经济增速已经进一步下降至 6.60%。可见,"十二五"期间的经济增速相较于"十五"和"十一五"期间两位数的高速增长已经有了明显下降。从总量来看,

2014 年,上海市生产总值达 23 560.94 亿元,经济规模已经较大,甚至超过了部分中西部欠发达省份的经济总量。从人均角度来看,上海市 2014 年人均生产总值折合 15 847 美元,已经达到中上等收入国家的人均水平。因此,可以预见的是,在未来上海市的经济增速要继续保持接近两位数的增长,将面临非常大的困难和限制。上海市的经济发展将逐步从高速增长转变为中高速增长。自 2012 年以来,上海市各季度的经济增速均维持在 7%～8% 这一区间内。在 2015 年的上海市政府工作报告中,首次取消了生产总值预期增长目标。这也体现了上海市今后将进一步淡化经济增速的目标,转而更加重视经济发展的质量效益和结构优化。目前上海市国民经济和社会发展"十三五"(2016—2020 年)规划还在制定当中。本文对上海市"十三五"期间(2016—2020 年)的年均经济增速设置为基准情景下7.5%,转型情景下 7.0%,低碳情景下 6.5%。以 2014 年为基准,计算 2016—2020年各年度 3 种情景下的生产总值情况,具体情况见表 7-5。

表 7-5　　　　　　　　2016—2020 年上海市生产总值情景　　　　　　单位:亿元

年份	基准情景下生产总值	转型情景下生产总值	低碳情景下生产总值
2016	26 590.15	26 343.37	26 097.75
2017	28 584.41	28 187.41	27 794.10
2018	30 728.24	30 160.53	29 600.72
2019	33 032.86	32 271.76	31 524.76
2020	35 510.32	34 530.79	33 573.87

注:2016—2020 年生产总值(按 2010 年可比价计算)。

2. 产业结构

上海市在各个五年规划纲要中均明确提出了产业结构调整的目标。"十五"、"十一五"和"十二五"期间制定的目标是在规划期内,第三产业增加值占全市生产总值比重分别达到 55%、50% 以上和 65%。

从产业结构调整的实际情况来看,如图 7.11 所示,在"十五"期间,上海市第二产业增速要高于生产总值增速和第三产业增速,第二产业在经济结构的比重中呈现上升趋势。2005 年,第三产业所占比重为 51.6%,较 2001 年的52.4% 不升反降,并没有达到规划制定的占比 55% 的目标。相反,在"十一五"和"十二五"期间,第三产业增速开始超过生产总值和第三产业的增速,尤其是在进入"十二五"后,以服务业为主的第三产业快速增长,2014 年,第三产业占比已经由 2011 年的 58.0％上升至 64.8％,年均提高近两个百分点。

出现这种情况的部分原因是上海市在实际执行产业发展政策的过程中存在一定反复。虽然上海市很早就明确了实现经济增长方式转变和产业结构调整的目标,但是在"十五"期间,鉴于当时的国内外经济形势,上海市提出在优化升级产业结构的同时,也要加快建设"工业新高地",工业发展的需求得到了较多重视,从而导致在"十五"期间第三产业比重不升反降。而在"十一五"以后,上海市重新回到加快形成服务经济为主的产业结构的发展战略上来。尤其是近几年来,随着对低碳发展和节能减排重视程度的提高,上海市经济发展方式转变明显,产业结构的调整力度正在逐步加大,第三产业所占比重开始快速上升。未来,这一发展趋势也会得以延续。

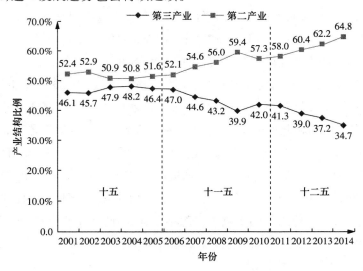

图 7-11　"十五"至"十二五"期间上海市第二、第三产业结构变化情况

从发达国家/城市的发展经验和现状来看,第三产业在经济增长中均起到主导作用。在发达地区的经济结构中,第三产业所占比重普遍在 70％以上。以 2012 年为例,美国、日本、德国、英国和法国的第三产业所占比重分别为 78％、73％、68％、79％和 78％。从城市的角度来看,国际化大城市的第三产业比重则更高。东京、伦敦、巴黎、香港等城市的第三产业比重甚至超过了 85％,现代服务业在国际化大城市的发展中起着举足轻重的作用。从国内的情况来看,北京市已经率先形成了以服务经济为主导的产业结构。在"九五"期间(1996—2000 年),产业

结构调整便取得了明显进展,第三产业所占比重年均上升近两个百分点,2000 年第三产业所占比重达到 64.8%。此后,第三产业所占比重一直保持平稳上升趋势。2005 年、2010 年和 2014 年分别达到 69.6%、75.1%和 77.9%。

上海市目前的经济发展已经大致达到中高收入国家的水平。但是在产业结构调整方面,仍然还有较大的空间。与北京不同,上海市是全国重要的制造业中心之一,因此第二产业的所占比重相对较高。即便是"十二五"期间第三产业增速远高于第二产业,2014 年第三产业所占的比重也不足 70%,仅相当于北京市 2000 年左右的水平,同发达国家和地区相比,差距则更为明显。未来随着对高污染、高耗能工业行业的限制趋紧,以及经济转型的深化,上海市第三产业的比重仍会进一步上升。但是产业结构的调整是一个渐进的过程,短期内不可能发生根本性的改变。从北京市的发展经验也可以看出,第三产业比重达到 65% 左右以后,产业结构调整的速度开始放缓。上海市在"十二五"期间第三产业比重年均提高近两个百分点,这样的调整速度在"十三五"期间实现存在一定难度。

结合上海市的历史发展趋势和国内外的横向比较,对 2020 年上海市产业结构调整的情景设置如下:基准情景下第三产业比重年均提高 1.0%,2020 年上海市的产业结构和北京市 2005 年时的水平大致相当;转型情景下,第三产业比重年均提高 1.5%,2020 年上海市的产业结构和北京市 2010 年时的水平大致相当;低碳情景下,第三产业比重年均提高 2.0%,2020 年上海市的产业结构和北京市 2014 年时的水平大致相当。由于上海市第一产业所占比重很小,仅为 0.5% 左右,对产业结构的影响可以忽略不计,因此本文假设在"十三五"期间第一产业所占比重保持在 0.5% 左右。表 7-6 列出了 3 种情景下上海市 2016 年至 2020 年的产业结构情况。

表 7-6   2016—2020 年上海市第二、第三产业结构参数设置比重

	年份	2016	2017	2018	2019	2020
基准情景	第二产业比重	32.7%	31.7%	30.7%	29.7%	28.7%
	第三产业比重	66.8%	67.8%	68.8%	69.8%	70.8%
转型情景	第二产业比重	31.7%	30.2%	28.7%	27.2%	25.7%
	第三产业比重	67.8%	69.3%	70.8%	72.3%	73.8%
低碳情景	第二产业比重	30.7%	28.7%	26.7%	24.7%	22.7%
	第三产业比重	68.8%	70.8%	72.8%	74.8%	76.8%

3. 产业产值

结合表7-5和表7-6,便可以计算出2016—2020年各年度上海市第二、第三产业的产值情况,即式(4-3)中代表部门经济活动水平的AI项。具体情况见表7-7。

表 7-7　　　　　　　**2016—2020 年上海市第二、第三产业产值**　　　　　　单位:亿元

	年份	2016	2017	2018	2019	2020
基准情景	第二产业产值	8 694.98	9 061.26	9 433.57	9 810.76	10 191.46
	第三产业产值	17 762.22	19 380.23	21 141.03	23 056.94	25 141.31
转型情景	第二产业产值	8 350.85	8 512.60	8 656.07	8 777.92	8 874.41
	第三产业产值	17 860.80	19 533.88	21 353.66	23 332.48	25 483.72
低碳情景	第二产业产值	8 012.01	7 976.91	7 903.39	7 786.62	7 621.27
	第三产业产值	17 955.25	19 678.21	21 549.32	23 580.52	25 784.73

4. 能耗强度

上海市首次明确提出单位生产总值能耗下降目标是在"十一五"时期。根据上海市"十一五"规划纲要提出的目标,上海市单位生产总值综合能耗要在"十五"期末的水平上降低20%左右。此后,能耗强度这一指标逐渐成为规划政策制定、实施的重要目标。在"十二五"期间,上海市出台的多项规划和政策都对能源消费总量、能耗强度等指标制定了目标。表7-8对此进行了总结,可以看出,在"十二五"期间,上海市对能源消费总量、能耗强度等指标都给予了充分重视,在多项规划、政策中都反复提及,制定了明确的政策目标,并将目标分解到各区县和能源消费细分领域。

表 7-8　　　　**"十二五"期间上海市相关规划、政策对能耗强度目标的表述**

规划或政策名称	相关表述
《上海市国民经济和社会发展第十二个五年规划纲要》	"十二五"规划期末,单位生产总值能源消耗较2010年降低18%

续表

规划或政策名称	相关表述
《上海市节能和应对气候变化"十二五"规划》	到 2020 年,力争实现传统化石能源消费总量、人均能源消费量、人均碳排放量零增长; 到 2015 年,单位生产总值综合能耗下降到 0.58 吨标准煤/万元左右,较 2010 年下降 18%(比 2005 年下降 34%); "十二五"期间,本市规模以上工业单位增加值能耗下降 22%,航运、航空单位运输周转量能耗水平比 2005 年有较大幅度下降,主要领域公共建筑单位建筑面积能耗水平下降 8%~10%; 制定并分解了上海市各区县单位增加值能耗下降目标
《上海市"十二五"节能减排和控制温室气体排放综合性工作方案》 《上海能源发展"十二五"规划》	到 2015 年,全市能源消费总量控制在 1.35~1.4 亿吨标准煤,比 2010 年净增量控制在 2300 万吨标准煤左右,能源消费年均增速从"十一五"时期的 6.4%下降到 4.6%以内; 单位生产总值综合能耗比 2010 年下降 18%,达到 0.58 吨标准煤/万元左右
《上海市工业节能与综合利用"十二五"规划》	到 2015 年,工业能源综合利用效率提高 5 个百分点,规模以上工业企业万元增加值能耗下降 22%左右,万元工业增加值碳排放强度下降 23%

从上海市能耗强度的实际下降情况来看(图 7-12),根据目前最新的统计资料,在"十五"和"十一五"期间,上海市生产总值能耗的年均下降幅度在 4.5%左右,而在 2011 年至 2013 年期间,生产总值能耗的年均下降幅度达 5.3%。2012年和 2013 年上海市生产总值能耗分别为 0.570 吨标准煤/万元和 0.545 吨标准煤/万元,已经提前完成了"十二五"有关规划中制定的目标。从第二、第三产业的能耗水平变化情况来看,以工业和建筑业为主的第二产业,其能耗年均降幅要高于生产总值能耗和第三产业能耗的年均降幅。第三产业能耗年均降幅虽然相对较小,但是呈现出逐步扩大的趋势。总的来看,"十二五"期间,上海市在控制能耗水平方面取得了显著成效。由于第二产业在能源消费中占据了主要地位,第二产业的能耗年均降幅也高于全市平均降幅,因此上海市能耗水平下降的主要贡献来自于第二产业。但是,随着产业结构调整,第三产业占比增加,以及第二产业的节能潜力相对下降,第三产业对于上海市能耗水平降低的贡献将逐渐增大。

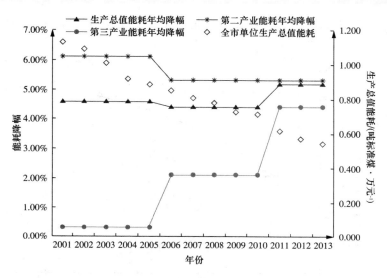

图 7-12　"十五"至"十二五"期间上海市能耗水平变化情况

从横向比较来看,尽管上海市在 2012 年便实现了"十二五"相关规划中的单位生产总值能耗降低目标,但是未来的能耗水平降低依然存在较大空间。仍然以北京为例,2012 年,北京市的地区生产总值能耗、第二产业能耗和第三产业能耗分别为 0.436 吨标准煤/万元、0.624 吨标准煤/万元和 0.262 吨标准煤/万元,比同期上海市对应的各项指标低 23.5%、22.1% 和 17.9%。并且,在北京市能耗水平显著低于上海市能耗水平的情况下,北京市同期的下降幅度仍与上海市相当甚至更大。"十一五"以来(2006—2012 年),北京市第二产业能耗年均降幅达 9% 左右,而上海市的第二产业能耗年均降幅仅为 5.5% 左右。

根据《上海市 2014 年节能减排和应对气候变化重点工作安排》(沪府发〔2014〕17 号)中制定的 2014 年度节能减排目标,全市单位生产总值综合能耗须下降 3% 左右,力争下降 3.5%。从产业部门来看,对于第二产业,工业单位增加值能耗下降目标为 3.6%,建筑施工业单位增加值能耗下降目标为 5%;对于第三产业,营运船舶和航空客货运的单位运输周转量能耗要比 2010 年下降 4% 左右,力争下降 5%;商业、旅游饭店业、金融业和公共建筑的单位建筑面积能耗下降目标为 1%~2.5% 不等。以上能耗降低目标的设置可以为上海市未来能耗水平变化提供一定参考。从对历史下降趋势的分析来看,将 1995—2013 年的上海第二产业增加值和第二产业能耗数据进行回归分析,可以得到较好的对数关系(图7-13),这表明,随着第二产业增加值上升,能源消耗增速放缓,单位产值能耗下降。

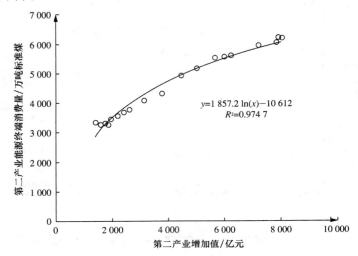

图 7-13　上海市第二产业增加值与能耗关系(1995—2013 年)

在设置上海市能耗变化情景时,对于基准情景,第二产业单位产值能耗依据图 7-13 中产值与能耗关系得出,第三产业单位产值能耗变化参照"十一五"期间趋势,即年均下降 2%;对于转型情景,能耗变化参照上海市 2014 年制定的节能减排目标设定,即第二产业单位产值能耗年均下降 3.5%,第三产业年均下降 2.5%;对于低碳情景,参考历史降幅的较快速度,即第二产业单位产值能耗年均下降 4.5%,第三产业单位产值年均下降 3.5%。具体情况见表 7-9。

表 7-9　　　　　　　2016—2020 年上海市第二、第三产业单位

产值能耗情景　　　　　　　　　单位:吨标准煤/万元

	年份	2016	2017	2018	2019	2020
基准情景	第二产业能耗	0.717	0.696	0.677	0.658	0.641
	第三产业能耗	0.282	0.277	0.271	0.266	0.260
转型情景	第二产业能耗	0.696	0.672	0.649	0.626	0.604
	第三产业能耗	0.278	0.271	0.264	0.258	0.251
低碳情景	第二产业能耗	0.675	0.645	0.616	0.588	0.561
	第三产业能耗	0.270	0.260	0.251	0.242	0.234

5. 能源结构

在设定了上海市能耗强度和能源消费总量的情景后,要将能源消耗情景转换为碳排放量情景,则需要考虑能源消费结构。上海市的能源消费由煤炭、原油、天然气、电力净调入以及风能太阳能发电构成。由表 7-1 和表 7-2 可知,煤炭、原油、天然气和电力的碳排放因子分别为 2.77178 吨标准煤、2.14769 吨标准煤、1.64373 吨标准煤和 2.51703 吨标准煤。风能、太阳能发电可以被认为是碳中性的,即碳排放因子视为零。煤炭是碳排放因子最高的化石能源。因此,能源结构中如果煤炭占比较高,那么在相同的能耗强度下,碳排放量就相对较高。

从上海市近 10 年的能源消费结构来看(图 7-6),煤炭所占的比例在不断下降,但是煤炭仍然是最主要的能源消费品种,占比在四成左右。原油占比变化不大,保持在 35% 左右。天然气和电力净调入均增长较快,从不到 1%,增长到各占 10% 左右。风能、太阳能发电所占比例最小,目前还不到 1%。

"十三五"期间,上海市能源结构的变化仍然会延续现有的变化趋势,即逐步从"碳基"能源向"氢基"能源、无碳能源转变,能源结构进一步低碳化,单位能源消耗的碳排放强度持续下降。鉴于对煤炭消费量的严格控制,煤炭占比将会继续降低,原油占比基本不变,天然气、电力净调入和风能、太阳能发电将会更多地替代煤炭,在未来均会有较快的增长。

在上海市的相关政策规划中,均明确了严格控制能源消费量,优化能源结构。上海市"十二五"节能减排和控制温室气体排放综合性工作方案中要求,煤炭占一次能源消费比重下降到 40% 左右,本地可再生能源、外来核电、水电等非化石能源占一次能源消费提高到 12% 左右。在上海市清洁空气行动计划(2013—2017 年)中提出,到 2017 年要实现全市煤炭消费总量负增长。

从发达国家的能源结构来看,如美国、日本、德国、法国、韩国等,其煤炭所占比例都在 30% 以下,石油所占比例在 30%～40%,天然气所占比例在 20% 左右,剩余部分为水电、火电、可再生能源等。我国由于资源禀赋以及能源供应形势等因素,短期内以煤炭为主的能源消费结构还难以得到根本性扭转。但是,对煤炭消费总量控制的逐步趋严,将是一个必然趋势。假设在"十三五"期间,上海市的能源消费中原油所占比例基本不变,稳定在 35% 左右,同时煤炭所占比例继续下降,逐步替换为天然气、外调电力和可再生能源,具体参数设置见表 7-10。

表 7-10　　　　　　　　　　2016—2020 年上海市能源消费结构

年份		2016	2017	2018	2019	2020
基准情景	煤炭	39.4%	38.4%	37.4%	36.4%	35.4%
	原油	36.5%	36.5%	36.5%	36.5%	36.5%
	天然气	10.5%	11.1%	11.7%	12.3%	12.9%
	电力净调入	13.3%	13.7%	14.0%	14.4%	14.8%
	风能太阳能等	0.3%	0.3%	0.3%	0.3%	0.3%
转型情景	煤炭	38.4%	36.9%	35.4%	33.9%	32.4%
	原油	36.5%	36.5%	36.5%	36.5%	36.5%
	天然气	10.9%	11.7%	12.5%	13.3%	14.1%
	电力净调入	13.7%	14.5%	15.1%	15.7%	16.3%
	风能太阳能等	0.5%	0.6%	0.7%	0.8%	0.9%
低碳情景	煤炭	37.4%	35.4%	33.4%	31.4%	29.4%
	原油	36.5%	36.5%	36.5%	36.5%	36.5%
	天然气	11.7%	12.9%	14.1%	15.3%	16.5%
	电力净调入	13.7%	14.3%	14.9%	15.5%	16.1%
	风能太阳能等	0.7%	0.9%	1.1%	1.3%	1.5%

6. 覆盖范围

上海市碳排放交易试点机制在第一阶段(2013—2015 年)纳入的行业涵盖了工业行业(第二产业)和非工业行业(第三产业)。具体来讲,上海市碳排放交易机制覆盖的工业行业包括黑色金属冶炼和压延加工业,石油加工、炼焦和核燃料加工业、化学原料和化学品制造业,化学纤维制造业,橡胶和塑料制品业,有色金属冶炼和压延加工业,非金属矿物制品业,金属制品业,造纸及纸制品业,纺织业,电力、热力的生产和供应业等;覆盖的非工业行业包括交通运输储运业和邮政业,批发、零售业和住宿、餐饮业等。

结合图 7-4 和图 7-5 可以看出,上海市碳排放交易试点已经基本覆盖了排放量较大的行业,只有建筑业、电子设备制造业等少数行业暂未纳入。此外,虽然交通运输储运业和邮政业的排放量较大、增长迅速,连续多年位居前列,但是在能源统计年鉴中的交通运输储运业和邮政业作为一个行业大类,涵盖范围很广,碳排放交易试点目前只是将其中的一小部分排放量,即运输站点和航空运输产生的排放纳入交易。

目前,并没有统一准确的有关上海市碳排放交易机制覆盖范围的数据资料。根据不同的文献估算,上海碳排放交易机制纳入的 191 家试点企业的排放量总和占全市排放量的比例大致在 40%～60%[4-5]。2013 年,上海市碳排放交易机制的配额总量约为 1.6 亿吨。根据本研究计算的上海市 2013 年碳排放总量(约 2.68 亿吨)可以得出,上海市碳排放交易机制覆盖的排放量比例在 59% 左右。这也同上海市发改委网站的相关报道显示的比例(57%)较为一致[2]。

随着碳排放交易机制的不断完善,对碳排放实施更严格的管控,适当扩大覆盖范围,将更多的行业和排放设施纳入到交易中,将是一个重要的发展方向。交通运输储运业和邮政业在排放总量中占据了约 16% 的比例,同时也是排放增长非常迅速的行业。但是交通领域的排放来源广泛,并不是所有的排放源都适合纳入到交易中来。国内的其他试点省市,如深圳,已经将公共交通领域的排放纳入到交易中来。未来上海市碳试点也同样存在着这种可能性。本研究在设置上海市碳排放交易机制覆盖范围变化的情景时,主要考虑在转型情景和低碳情景下,将交通领域约四分之一的排放,以及一部分建筑业、电子设备制造业的排放新纳入到交易机制中来。交易机制的排放量覆盖比例由约 59%,提高到约 65%。而在基准情景下,上海市碳排放交易机制的覆盖比例基本保持不变。

7.3　结果分析

依次对式(7-3)中的各项参数进行情景设置后,便可以计算出基准情景、转型情景、低碳情景 3 种情景下,2016—2020 年的上海市碳排放交易机制总量设定结果。其中,表示部门经济活动水平的 AI 项对应的是表 7-7 中的第二、第三产业产值;表示能耗强度的 EI 项对应的是表 7-9 中的第二、第三产业单位产值能耗;表示碳排放系数的 EF 项对应的是表 7-10 中的能源消费结构和表 7-1 中的能源品种碳排放因子;CP 项表示的是交易机制覆盖的碳排放总量比例,取值为 59%(基准情景)或 65%(转型情景、低碳情景)。计算结果见表 7-11、图 7-14。

表 7-11　　　　　3 种情景下碳排放总量和交易机制总量设定计算结果

年份	第二、第三产业碳排放总量/万吨			交易机制设定总量/亿吨		
	基准情景	转型情景	低碳情景	基准情景	转型情景	低碳情景
2016	26 796.53	25 567.13	24 180.65	1.581	1.636	1.548
2017	27 734.54	26 037.21	23 981.95	1.636	1.666	1.535
2018	28 656.81	26 456.99	23 807.37	1.691	1.693	1.524
2019	29 677.25	26 913.79	23 613.12	1.751	1.722	1.511
2020	30 709.05	27 322.31	23 456.09	1.812	1.749	1.501

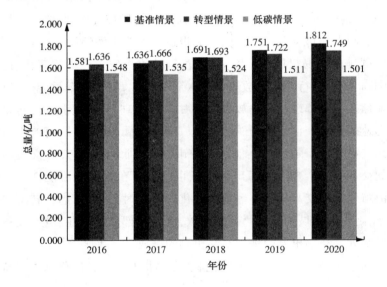

图 7-14　3 种情景下的总量设定结果

不难看出,3 种情景存在着显著差异。从绝对数值来看,至 2020 年,基准情景下的第二、第三产业碳排放量超过 3 亿吨,分别比转型情景和低碳情景下的碳排放量高出 12.4% 和 30.9%。相应地,2020 年基准情景下的碳排放交易机制总量为 1.812 亿吨,转型情景下和低碳情景下的碳排放交易机制总量分别为 1.749 亿吨和 1.501 亿吨。基准情景下比转型情景下和低碳情景下的碳排放交易机制总量分别高出 3.6% 和 20.7%。

从变化趋势上来看,基准情景下和转型情景下的机制总量均保持逐年增长。表明在这两种情景下,交易机制实现的是相对减排,即碳排放总量保持增长,而碳排放强度逐年下降。交易机制在控制排放的同时也兼顾了经济发展、排放量增长的需求。与之相反,在低碳情景下,机制配额总量逐年减少,从2016年的1.548亿吨下降到2020年的1.501亿吨,年均降低0.8%左右。交易机制实现的是绝对减排,即碳排放强度逐年下降,碳排放总量也逐年下降。此外,虽然基准情景下和转型情景下的机制总量均保持逐年增加,但是基准情景下机制总量年均增量为500万～600万吨,年均增幅约为3.4%,明显高于转型情景下年均1.6%的增幅,排放限制相对宽松。

将3种情景做进一步分析,比较3种情景同上海市未来发展趋势的符合程度。对于低碳情景下,上海市目前还处在经济较快发展时期,碳排放量还会保持增长,在短期内难以达到碳排放量峰值。在这种背景下,要实现低碳情景中的碳排放交易机制总量逐年递减,会存在较大困难。同时还要面临较大的减排成本与保增长双重压力,必须要大力提高能效,在短时间内实现产业结构、能源结构的优化,实现该情景面临比较大的难度。对于基准情景下,仍然会更多地追求经济增长以及相对宽松的能源消费和碳排放限制。由此也会导致能源消费的持续较快增长,但是这种趋势是不可持续的。自2009年以来,上海市的能源消费增速就已经明显趋缓,经济发展方式实现转型的趋势明显。严峻的能源和环境形势也决定了继续维持既往高增长、高排放的发展模式的可能性会越来越小。相比之下,转型情景最接近上海未来可能的发展情况。经济增长保持在中等速度区间(年均增长7.0%),同时为产业结构调整(三产比重年均增加1.5%),能源结构优化(煤炭消费所占比重年均下降0.5%),能耗水平降低(年均降低2.5%～3.5%)等提供空间。同时为更好地激励减排,碳排放交易机制在管控范围上有所扩大。

综上所述,转型情景最符合第二阶段(2016—2020年)上海市碳排放交易机制的总量设定情况。在此情景下,经济总量增长、交易机制扩容所导致的排放量需求增长在一定程度上被能耗降低和能源结构、产业结构优化所削减的排放量需求抵消。碳排放交易机制的总量稳中有升,从2016年的1.636亿吨增长至2020年的1.749亿吨,年均增幅约为1.6%,同试点第一阶段(2013—2015年)的总量大致相当。

7.4 本章小结

本章对 2004—2013 年上海市的能源消耗碳排放状况进行了分析,在此基础上,设置了基准情景、转型情景和低碳情景 3 种情景来讨论 2016—2020 年上海市碳排放交易试点机制的总量设定。

对能源碳排放的分析表明,上海市的能源碳排放量从 2004 年的约 1.71 亿吨增长到 2013 年的约 2.68 亿吨,年均增长率约为 6.1%,低于同期上海市地区生产总值年均增速。在增速上,2004 年至 2008 年期间,排放总量增长速度相对较快,2009 年至 2013 年期间,排放总量增速趋于平缓。第二产业的排放量最大,在排放总量中占比超过五成,但比重呈现下降趋势。第三产业的排放量增速最快,在排放总量中所占比重约为三成。此外,2004 年至 2013 年,上海市生产单位生产总值能耗年均下降幅度在 5%~6%。

对总量设定的分析表明,影响上海市碳排放交易试点机制总量设定的主要因素包括经济增速、产业结构、能源消费强度、能源结构和机制管控范围。依据对这些因素的不同假设,设置了基准情景、转型情景和低碳情景 3 种情景。相较而言,转型情景最为接近上海市未来的发展趋势。在此情景下,经济增长保持在中等速度区间,同时为产业结构调整、能源结构优化、能耗水平降低等提供空间。同时,碳排放交易机制在管控范围上有所扩大。交易机制实现的减排是相对减排,总量设定从 2016 年的 1.636 亿吨增长至 2020 年的 1.749 亿吨,年均增量在 300 万吨左右,年均增幅约为 1.6%。

本章参考文献

[1] 赵倩.上海市温室气体排放清单研究[D].上海:复旦大学,2011.

[2] 碳排放交易:经济杠杆撬动减排全市排放总量的 57% 已纳入.[2013-11-28]. http://www.shdrc.gov.cn/main? main_colid=363&top_id=316&main_artid=23574.

[3] 上海市统计局.2015 年 1 季度上海市生产总值.[2015-04-20]. http://www.stats-sh.gov.cn/sjfb/201504/278395.html.

[4] Wu Libo, Qian Haoqi, Li Jin. Advancing the experiment to reality: perspectives on

Shanghai pilot carbon emissions trading scheme[J]. Energy Policy,2014.

[5] International Carbon Action Partnership. China-Shanghai pilot system[EB/OL]. [2015-02-05]. https://icapcarbonaction. com/index. php? option = com _ etsmap&task = export&format=pdf&layout=list&systems[ ]=62.

第8章 配额分配设计

配额分配是碳排放交易机制中非常重要的内容,也是建立全国统一的碳排放权交易体系的核心要素之一。本章首先介绍了上海市碳排放交易试点配额分配方案以及配额交易规则,之后通过夏普利值法从理论上证明了基准线法在初始分配时的合理性,并在此基础上对上海市碳排放交易的初始分配提出建议。

8.1 上海市碳排放配额分配方案

上海市政府颁布的《关于本市开展碳排放交易试点工作的实施意见》(以下简称"实施意见")中对试点期间碳配额分配做出了原则性的规定:基于2009－2011年试点企业二氧化碳排放水平,兼顾行业发展阶段,适度考虑合理增长和企业先期节能减排行动,按各行业配额分配方法,一次性分配试点企业2013－2015年各年度碳排放配额。对部分有条件的行业,按行业基准线法则进行配额分配。试点期间,碳排放初始配额实行免费发放,适时推行拍卖等有偿方式。

配额分配方案的制定主要基于以下一些思路。首先,合理设定试点范围的配额总量控制目标。依据上海市"十二五"规划纲要确定的经济增长速度和国家下达的本市碳排放强度减排目标,测算2015年全市碳排放总量,并按照试点企业碳排放强度同步下降的要求,确定试点范围的配额总量控制目标。其次,依据不同试点行业的特点选择合适的分配方法。对于电力、航空、港口、机场等产品(服务)形式较单一、能够按照单个产品(服务)确定排放基准的行业,优先采用行业基准法。对于产品种类多、缺乏统一行业标准、尚不具备使用基准线法的其他行业,采用历史排放法。此外,对于企业的历史碳排放量变化情况、先期减排行动和新增项目配额等情况制定相应规则来处理。

对于采用历史排放法分配配额的企业,一次性向其发放2013年至2015年各年度配额;对于采用基准线法分配配额的企业,根据其各年度排放基准,按照

2009 年至 2011 年正常生产运营年份的平均业务量确定并一次性发放其 2013
年至 2015 年各年度预配额。在各年度清缴期前,市发展改革委员会根据企业
当年度业务量对其年度排放配额进行调整,对预配额和调整后配额的差额部分
予以收回或补足。新增项目的配额将依据企业根据项目投运建设情况提出申
请,经审定确定后发放。

8.1.1　配额的免费分配

综合不同行业特点,免费分配采取两种方式:历史排放法和行业基准法。

历史排放法适用于产品类别多、缺乏行业统一标准,尚不具备使用基准线
法条件的行业。基于企业历史排放水平,结合先期减排行动确定各年度配额。
历史排放水平主要参考经核查的企业 2009—2011 年的排放数据,并考虑其排
放设施、排放量的变化情况分类别予以确定。实行历史排放法的行业具体包
括:工业中的钢铁、石化、化工、有色、建材、纺织、造纸、橡胶、化纤等行业;非工
业中的大型公共建筑(宾馆、商场、商务办公等)。

基准线法适用于产品(服务)形式较单一、能够按单个产品(服务)确定排放
效率基准的行业。主要通过制定企业各年度单位业务量排放基准,并根据企业
各年度实际业务量确定各年度碳排放配额。实行基准线法的行业具体包括:工
业中的电力行业;非工业中的航空、港口、机场行业。

8.1.1.1　历史排放法

1. 工业企业

对于工业企业来说采用历史排放法进行分配,主要考虑因素有历史排放基
数、先期减排行动和新增项目配额,其配额计算公式为

$$企业排放配额＝历史排放基数＋先期减排配额＋新增项目配额 \qquad (8-1)$$

对于历史排放基数,根据"实施意见",历史排放基数原则上取基准年 2009
年至 2011 年排放数据的平均数。但是,考虑到基准年迁建部分特殊企业的排
放边界(主要生产设施等)发生重大变化,以及少数企业处于快速发展阶段等因
素,对历史排放基数按 3 种情况进行处理。

情况一,2009 年以来基准期内排放边界未发生重大变化,且碳排放量相对
稳定,取 2009 年至 2011 年排放数据的平均数;情况二,基准年期间排放边界发
生重大变化的,取最接近现有边界年份/月份的排放数据;情况三,基准年以来

排放边界未发生重大变化,碳排放量增幅超过 50%,则取最近年份排放量数据。

先期减排配额是指 2006 年至 2011 年,试点企业经国家或本市有关部门完成节能量审核的节能技改或合同能源管理项目,包括国家和本市合同能源管理项目、上海市节能技改项目、国家有关行业管理部门相关节能奖励项目。可以按照经审核节能量换算的二氧化碳排放量的 30% 纳入,节能量换算为碳减排量的比例为 1：2.23。

对于新增项目配额,试点企业在 2013 年至 2015 年期间投产、年综合能耗达到 2000 吨标准煤及以上的固定资产投资项目,可申请新增项目配额。新增项目配额量根据项目全年基础配额、生产负荷率及生产时间确定。

2. 非工业(商场、宾馆、商务办公建筑及铁路站点)

综合考虑企业的历史排放基数和先期减排行动等因素,确定企业年度碳排放配额。计算公式为

$$企业年度碳排放配额 = 历史排放基数 + 先期减排配额 \qquad (8\text{-}2)$$

历史排放基数及先期减排配额的确定方法同工业行业。试点企业 2013 年至 2015 年期间的新建建筑暂不纳入其配额边界。

8.1.1.2 行业基准法

1. 工业企业(电力行业)

对于电力行业,采用基准线法,需要综合考虑电力企业不同类型发电机组的年度单位综合发电量碳排放基准、年度综合发电量以及负荷率修正系数等因素,确定企业年度碳排放配额。计算公式为

$$企业年度碳排放配额 = 年度单位综合发电量碳排放基准 \times 年度综合发电量$$
$$\times 负荷率修正系数 \qquad (8\text{-}3)$$

其中,年度单位综合发电量碳排放基准是根据上海市电厂单耗限额标准《燃煤凝汽式汽轮发电机组单位产品能源消耗限额》(DB 31/507—2010)的分类和能效先进值等情况,共分 7 组设定排放基准,见表 8-1。

企业年度实际发电量和年度供热量确定。计算公式为

$$年度综合发电量 = 年度实际发电量 + 年度供热折算发电量 \qquad (8\text{-}4)$$
$$年度供热折算发电量 = 年度供热量/热电折算系数 \qquad (8\text{-}5)$$

其中,年度实际发电量为上海市电力公司提供的企业年度发电量;年度供热折算发电量根据企业实际年度供热量折算得出。

对于燃煤电厂供热,热电折算系数取 7.35×10^7 千焦/万千瓦时;对于燃气电厂供热,热电折算系数取 6.50×10^7 千焦/万千瓦时。对于燃气电厂,负荷率修正系数取 1;对于燃煤电厂,负荷率修正系数根据各电厂机组性能及年均负荷率确定。

表 8-1 不同机组类型各年度碳排放基准

类型		装机容量/万千瓦	年度单位综合发电量碳排放基准/(吨二氧化碳·万千瓦时$^{-1}$)		
			2013 年	2014 年	2015 年
燃气		—	3.800	3.800	3.800
燃煤	超超临界	100	7.440	7.403	7.366
		66	7.686	7.647	7.609
	超临界	90	7.951	7.911	7.871
		60	7.954	7.914	7.875
	亚临界	60	8.155	8.114	8.074
		30	8.218	8.177	8.136

2. 非工业企业(航空、机场行业)

对于航空业和机场而言,采用基准线法,需要综合考虑企业年度单位业务量碳排放基准、年度业务量及先期减排行动等因素,确定企业年度碳排放配额。计算公式为

$$企业年度碳排放配额 = 年度单位业务量碳排放基准 \times 年度业务量$$
$$+ 先期减排配额 \tag{8-6}$$

其中,年度单位业务量碳排放基准原则上以试点企业 2009 年至 2011 年平均排放强度为基础,结合行业"十二五"节能降耗要求确定;年度业务量为经有关部门确认的企业当年度业务量数据,航空企业为年度周转量,机场为年度输送量。先期减排配额的确定方法同工业行业。

8.1.2 配额的有偿发放

2014 年 6 月,在进入首轮履约期时,上海碳排放交易试点机制为保障纳入配额管理的单位全面履行清缴义务,根据《上海市碳排放管理试行办法》(沪府 10 号令)有关规定和要求,于 2014 年 6 月 30 日举行了一次配额的有偿发放。发放总量为 58 万吨,发放方式为竞价发放,有偿发放竞买底价为 48.0 元/吨。

截至 6 月 13 日下午收市交割后,经审定的 2013 年度碳排放量超过其实际持有 2013 年度配额量的纳入配额管理的单位可以参与本次竞买,并且竞买量不得超过其截至 6 月 13 日收市后 2013 年度配额的实际短缺量,所竞买的配额只能用于清缴,不能用于市场交易。最终,2013 年度碳排放配额有偿竞价发放的竞价结果如下。

成交量:配额有偿发放总量为 58 万吨,有效申报量为 7220 吨,2 家符合竞买人资格的纳入配额管理单位参与了竞价,其中 2 家竞价成功,竞买总量为 7220 吨。

成交价格及成交额:本次竞买底价为 48.0 元/吨,最高申报价为 48.0 元/吨,最低申报价为 48.0 元/吨,平均申报价为 48.0 元/吨。统一成交价为 48.0 元/吨,总成交金额为 346560 元人民币。配额有偿发放的收入缴入国库,作为本市节能减排专项资金的来源之一,按照该专项资金有关规定统筹安排,支持节能减排和低碳发展有关工作。

需要说明的是,试点期间,上海市的配额主要是免费发放的。本次配额竞买主要是为 2014 年的首轮履约期设置的一次临时性的有偿发放。对竞买主体和竞买配额的用途都有严格限制,和真正意义上的有偿发放(拍卖)还有较大差异。

8.2　上海市碳排放交易试点配额交易规则

根据《上海市碳排放管理试行办法》的有关规定,交易所应当制定交易规则,明确交易参与方的条件、交易参与方的权利义务、交易程序、交易费用、异常情况处理以及纠纷处理等,报主管部门审核。交易所应当根据碳排放交易规则,制定会员管理、信息发布、结算交割以及风险控制等相关业务细则,并报主管部门备案。目前,上海市发展改革委员会已经审核批准了《上海环境能源交易所碳排放交易规则》,在此基础上上海市环境能源交易所制定相应的实施细则,涉及会员管理、结算细则、交易信息管理、风险控制、违规违约处理等方面。

上海市环境能源交易所为唯一指定交易平台,在配额交易的总体框架中居于中心地位(图 8-1)。目前,上海环境能源交易所的交易品种为上海碳试点各年度（2013—2015 年）碳排放配额,有 3 个品种,代码分别是 SHEA13、SHEA14、SHEA15。控排企业在取得配额后即可进行交易。企业持有的当年度配额可全部卖出,未来年度配额持有量不得低于其通过分配免费取得的该年度配额量的50%。未来,随着国内CCER项目的开发,中国核证自愿减排量(CCER)也会参与到上海市的碳排放交易中。根据《上海市碳排放管理试行办法》的规定,企业可以将国家核证自愿减排量(CCER)用于配额清缴。用于清缴时,每吨国家核证自愿减排量相当于1吨碳排放配额,但总吨数最高不得超过该年度通过分配取得的配额总量的5%。CCER由国家发展改革委备案,并按照《温室气体自愿减排交易管理暂行办法》的规定进行交易。上海环境能源交易所也是第一批经国家发展改革委备案的CCER交易机构。

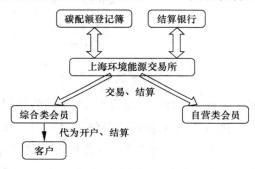

图8-1　上海碳试点机制配额交易框架示意图

交易所实行会员制。在交易所进行碳排放交易的,应当是交易所会员。会员可以直接参与交易,客户则必须通过会员的代理参与交易。交易所会员分为自营类会员和综合类会员。自营类会员可进行自营业务。综合类会员可进行自营业务和代理业务,代理客户交易和结算。

配额交易方式分为两种:挂牌交易和协议转让。

挂牌交易是指在规定的时间内,会员或客户通过交易系统进行买卖申报,交易系统对买卖申报进行单向逐笔配对的公开竞价交易方式。价格形成遵循价格优先、时间优先。当买入申报价格高于或等于卖出申报价格,则配对成交。成交价取买入申报价格、卖出申报价格和前一成交价三者中居中的一个价格。同时,申报卖出碳排放产品数量不得超过其产品账户内可交易余额,申报买入的产品金额也不得超过资金账户可用余额。

协议转让是指交易双方通过交易所电子交易系统进行报价、询价达成一致意见并确认成交。单笔交易超过10万吨应通过协议转让完成。协议转让交易的成交价格由交易双方在当日收盘价的±30％之间协商确定。协议转让达到成交价格不纳入交易所即时行情,只在交易结束后计入当日产品成交总量。协议转让的流程如图 8-2 所示。

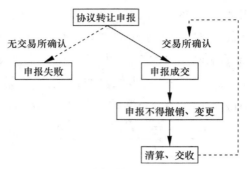

图 8-2　协议转让流程示意图

在结算制度方面,交易所实行二级结算制度、净额结算制度、交易资金银行存管制度。二级结算制度即指交易所对会员统一进行清算和划付,对综合类会员(负责对其代理的客户进行清算和交割)自营和代理交易分别清算。净额结算是指在一个清算期中,会员就其买卖的成交差额、手续费等与交易所进行一次划转。交易资金银行存管制度是指交易所指定结算银行与交易系统共同办理碳排放交易资金的结算业务。结算银行由交易所指定,负责办理碳排放交易资金结算业务。其主要职责包括开设交易所专用结算账户、会员碳排放交易专用资金账户以及结算担保金专用账户;根据交易凭证和数据划转会员、客户的交易资金并及时向交易所反馈交易资金划转情况;为每个会员设立明细账,管理会员碳排放交易专用资金账户中的资金情况等。

针对配额交易过程中可能面临的各种风险,交易所指定了细致的风险控制制度,包括涨跌幅限制制度、大户报告制度、配额最大持有量限制制度、风险警示制度、风险准备金制度。

碳排放配额(SHEA)的涨跌停板幅度为上一交易日收盘价的±30％。涨跌幅度限制由交易所设定,交易所可以根据市场风险状况调整涨跌幅限制。当出现下列情况时,交易所可以根据市场风险调整其涨跌幅限制制度:①碳排放配额价格出现同方向连续涨跌停板时;②临近碳排放配额清缴期时;③交易所认为市场风险明显变化时等情况;④交易所认为必要的其他情况的。

配额最大持有量限制制度规定,会员和客户持有的各年度配额数量不得超过交易所规定的最大持有量限额。年度初始配额在 10 万吨以下的,同一年度最大持有量不得超过 100 万吨;年度初始配额在 10 万吨以上不超过 100 万吨的,同一年度最大持有量不得超过 300 万吨;年度初始配额在 100 万吨以上的,同一年度最大持有量不得超过 500 万吨。如因生产经营活动需要增加持有量的,可按照规定向交易所另行申请额度。其他会员和客户最大持有量不得超过 300 万吨。

风险警示制度:当出现规定情形时,交易所有权约见会员的高级管理人员或者客户谈话提醒风险,或者要求会员或者客户报告情况。

8.3　基于夏普利值法的配额分配研究

8.3.1　夏普利值法与初始分配

夏普利值法是合作博弈论中按照个体对联盟的贡献解决利益、成本分配问题的一种公平、有效的方法。在博弈论中,合作博弈可以分为两人合作博弈和多人合作博弈,后者又称为联盟博弈。夏普利值以其存在的唯一性、计算方法的规范性、分配方式的合理性成为联盟博弈中最重要的解的概念,被成功地应用于成本分摊,收益分配等诸多现实问题中。

夏普利值法是夏普利 1953 年根据 3 个公理提出的。第一个公理是对称公理,是指博弈的夏普利值(对应分配)与博弈方的排列次序无关,或者说博弈方排列次序的改变不影响博弈得到的值。第二个公理是有效公理,意为全体博弈方的夏普利值之和分割完相应联盟的价值,也即特征函数值。第三个公理是加法公理,是指两个独立的博弈方合并时,合并博弈的夏普利值是两个独立博弈夏普利值之和。

夏普利证明了同时符合上述 3 个公理,描述联盟博弈各个博弈方价值的唯一指标,即夏普利值。夏普利值反映了各个博弈方在联盟博弈中的贡献和价值。在联盟中,按照博弈方的价值进行分配是比较公平且易于接受的。

夏普利值法的应用有三个前提条件:①超可加性,企业通过合作在规定排放限额下产出的利益不小于不合作时各自产出利益的总和,即合作总是会产生超额利益;②群体合理性,每个企业分配到的利益总和等于合作产生的总的利益,即利益全部分配;③个体合理性,通过合作,每个企业分配到的利益不小于单独行动时的利益。

碳排放交易中配额的初始分配问题可以看作是多个交易主体的联盟博弈,分配过程中既要考虑责任主体的边际成本,使社会总成本最小化,也要兼顾责任主体间的公平性。采用夏普利值法对初始分配进行分析是解决上述问题的合理方法。

假设 n 个企业参与碳排放权的初始分配,n 个企业的集合记为 $N=\{1,2,\cdots,n\}$,N 的任意子集 S 称为联盟(包括空集和 N),表示子集 S 中的 s 个企业进行交易。特征函数 $v(S)$ 表示 s 个企业通过合作在规定的二氧化碳排放限额下的生产产值,用 n 维向量 $X=\{x_1,x_2,\cdots,x_n\}$ 表示每个企业分配到的利益份额,则利益分配模型如下:

$$\sum_{i\in N} v(i)\leqslant v(N) \tag{8-7}$$

$$\sum_{i=1}^{n} x_i = v(N) \tag{8-8}$$

$$x_i\geqslant v(i) \tag{8-9}$$

采用夏普利值法可以求出 x_i 的唯一解:

$$x_i=\sum_{S(i\in S)}\frac{(|S|-1)!\ (n-|S|)!}{n!}[v(S)-v(S)\{i\}] \tag{8-10}$$

式(8-10)的左边部分表示排列次序的概率,右边部分是企业 i 对联盟 S 的贡献,求出的 x_i 是企业 i 的贡献值,x_i 与 $x_1+x_2+\cdots+x_n$ 的比值是企业 i 的贡献率,碳排放限额乘以每个企业的贡献率是企业分配到的配额数。

8.3.2 案例模拟和分析

1. 基本情况

通过前文分析可知,电力行业作为能源密集型行业,在加工生产过程中排放的二氧化碳占上海市二氧化碳排放总量的 30% 左右,是上海市碳排放交易主体中的重点行业。因此,本文以电力行业为例,分析不同初始分配方法对不同生产效率的电力企业的影响。

上海浦东新区有 3 个发电厂,地理位置相邻,并且由同一集团负责管理。为了便于区分,本文将 3 个电厂分别称为一电厂、二电厂和三电厂。一电厂共有 4 台 300MW 燃煤发电机组;二电厂共有 2 台 900MW 超临界燃煤发电机组;三电厂共有 2 台 1000MW 超超临界燃煤发电机组。本文将采用基准线原则、祖父制原则和夏普利值法分别对 3 个电厂进行碳排放配额的初始分配,并对分配结果进行分析。

　　表 8-2 是三个电厂 2008 年的产值、能耗及二氧化碳排放情况。二氧化碳排放量以能耗为基础通过计算得到,由于缺少详细的能源消费数据,无法采用第 3 章分析上海市能源消费二氧化碳排放时的分项因子,这里采用综合因子进行计算。本节中的二氧化碳排放量仅用于案例模拟分析,而非实际应用,采用综合因子进行计算并不影响最终的分析效果。国家发改委能源研究所推荐的碳排放系数为 0.67 吨/吨标准煤,换算成二氧化碳排放系数为 2.46 吨/吨标准煤,上海市节能技改项目申报中要求采用的二氧化碳减排系数也为 2.46 吨/吨标准煤,两者相同,因此本文采用的二氧化碳排放因子即为 2.46 吨/吨标准煤。

表 8-2　　　　　　　2008 年三个电厂的产值、能耗及二氧化碳排放情况

比较项目	一电厂	二电厂	三电厂
产值/万元	241611	374413	214452
综合能耗/吨标准煤	170314	179942	131118
万元产值能耗/(吨标准煤·万元$^{-1}$)	0.705	0.481	0.611
二氧化碳排放量/吨	418972	442657	322550
万元产值二氧化碳排放/(吨·万元$^{-1}$)	1.734	1.182	1.504

　　从表 8-1 中可以看出,2008 年二电厂的产值最高,一电厂和三电厂的产值接近,一电厂略高于三电厂;二电厂的二氧化碳排放量最高,一电厂其次,但与二电厂接近,三电厂的排放量最低。由此计算得到二电厂的万元产值二氧化碳排放最低、生产效率最高,其次是三电厂,一电厂的生产效率最低。

　　2. 初始配额分配的三种方法

　　假设交易机制内仅 3 个电厂,管理部门根据 3 个电厂的实际情况设定二氧化碳的排放总量,分别以基准线原则、祖父制原则和夏普利值法进行初始配额的分配。案例模拟中进行了简化,把按照基准线原则计算得到的 3 个电厂的配额总和作为总量控制的目标。

　　基准线原则要求先确定基准排放率,再乘以企业的经济活动指数,从而计

算得到每个企业的初始配额。根据上海市公布的《上海市产业能效指南(2008版)》,电力行业的平均万元产值能耗为 0.407 吨标煤/万元,折算成万元产值二氧化碳排放为 1.001 吨/万元,可见 3 个电厂都没有达到行业均值。采用行业均值作为初始分配的基准线,分别乘上 3 个电厂的生产产值即可得到每个电厂的初始配额。

祖父制原则是以每个企业的历史排放量为基础,乘上一定的减排比例得到企业的初始配额。本案例以 3 个电厂 2008 年的二氧化碳排放量作为历史排放量进行计算。

夏普利值法根据企业对联盟的贡献分配初始额度,本案例的 3 个电厂可以通过两两合作组成联盟,也可以 3 个电厂共同合作形成联盟。由于这 3 个电厂地理位置相邻且由同一集团管理,这使它们之间的合作具有可行性和可操作性。

首先,定义特征函数 $v(S)$ 为在规定的二氧化碳排放限额下 s 个企业通过合作产生的生产产值,$v(\{1\})$、$v(\{2\})$、$v(\{3\})$ 分别是 2008 年 3 个电厂的生产产值,在此基础上假设其他 4 个特征函数值 $v(\{1,2\})$、$v(\{1,3\})$、$v(\{2,3\})$、$v(\{1,2,3\})$,具体见表 8-3。

表 8-3　　　　　　　　　　夏普利值法的特征函数值

特征函数	特征函数值/万元
$v(\{1\})$	241 611
$v(\{2\})$	374 413
$v(\{3\})$	214 452
$v(\{1,2\})$	656 024
$v(\{1,3\})$	618 865
$v(\{2,3\})$	476 063
$v(\{1,2,3\})$	880 476

根据式(8-4)分别计算得到 3 个电厂的夏普利值 x_i,然后计算每个电厂的贡献率。其中,二电厂对联盟的贡献率最大,其次是一电厂和三电厂,一电厂略高于三电厂,具体见表 8-4。每个电厂的贡献率乘以二氧化碳排放限额即是 3 个电厂分配到的初始额度。

表 8-4	三个电厂的夏普利值和贡献率	
电厂	夏普利值	贡献率
一电厂	258 277.67	29.33%
二电厂	396 079.67	44.99%
三电厂	226 118.67	25.68%

夏普利值法的应用有 3 个前提条件:超可加性、群体合理性和个体合理性,分别对应式(8-1)—式(8-3)。通过计算可以看出,本案例的结果满足上述 3 个条件。

3. 结果分析

采用基准线原则,3 个电厂分配到的二氧化碳排放额度分别为 241 906t、374 870t 和 214 714t。案例简化了总量限额的确定,把按照基准线原则计算得到的 3 个电厂的配额总和作为总量控制目标,即 831 940t。按照历史排放法进行分配,3 个电厂分配到的额度分别为 294 188t、310 818t 和 226 483t。按照夏普利值法进行分配,3 个电厂分配到的额度分别为 243 876t、374 087t 和 213 526t。具体分配结果见表 8-5。

表 8-5		3 种分配方法的结果比较		
分配原则		一电厂	二电厂	三电厂
基准线原则	分配额度/t	241 906	374 870	214 714
	百分比	29.09%	45.08%	25.82%
祖父制原则	分配额度/t	294 188	310 818	226 483
	百分比	35.38%	37.38%	27.24%
夏普利值法	分配额度/t	243 876	374 087	213 526
	百分比	29.33%	44.99%	25.68%

从图 8-3 中可以看出,采用祖父制原则进行分配明显有失公平,效率最低的一电厂分配到的额度与效率最高的二电厂接近,远高于效率第二的三电厂。这样的分配方法容易降低企业改进生产技术的积极性,不利于整个行业的发展。基准线原则以企业的产值为基础乘上相同的基准得到分配配额,排放量相同的情况下,企业的生产效率越高,分配到的配额也就越多,以此激励企业自主减排,提高生产效率。

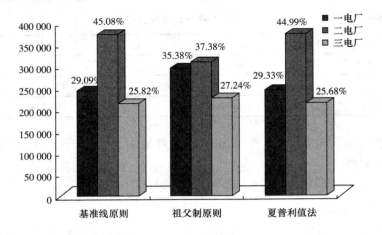

图 8-3　3 种分配方法的分配结果

采用夏普利值法进行分配的结果与采用基准线原则进行分配的结果非常接近,效率最高的二电厂分配到的配额最多,其次是一电厂和三电厂。前面已经分析过,夏普利值法是一种公平有效的初始分配方法,本案例从理论上证明了基准线原则是更加合适的初始分配方法。

8.4　配额分配方法的讨论

8.4.1　定价出售与拍卖相结合

碳排放权的初始分配可以分为免费、定价出售和拍卖三种方式。欧盟第一、第二阶段主要以历史排放原则下的免费分配为主,第三阶段开始将采用基准线原则,并且不断加大拍卖的比例,逐渐替代免费分配。RGGI 的初始分配方法主要以拍卖为主,参与州自行决定拍卖比例,目前来看,每个州拍卖的比例都在 90% 以上,有的州甚至达到了 100% 拍卖。WCI 的拍卖可能采用免费分配或拍卖,或者两者相结合,初期至少有 10% 的配额要进行拍卖,到 2020 年将上升到 25%。日本东京都的初始分配采用历史排放原则,以基准年的排放量乘以期限年份减排比例得到具体配额数量。

从产权角度出发,碳排放权的初始分配是经济利益的分配,如果采用免费分配,即相当于财富的免费分配,对于没有获得分配的行业、企业存在不公平性。从环境角度出发,碳排放权是一种环境资源,是有价值的,免费分配会造成环境资源的流失,同时也无法激励企业减排的积极性。因此,有偿分配是更加合理的选择。

拍卖是理论上最合适的初始分配方法,现有的碳排放交易机制虽然很多在初期并没有选择拍卖作为主要的分配方法,但都表示会逐步引入拍卖机制作为分配的主要方法,而美国 RGGI 在机制运行的初期就决定进行 100%拍卖。具体的配额拍卖设计,将在下一章中系统阐述。

上海市碳排放交易初始分配宜采用定价出售与拍卖相结合的方式,初期以定价出售为主,总量的 5%留作拍卖;正式阶段逐渐提高拍卖的比例,直至实现100%拍卖。试运行阶段采用祖父制原则,并且尽快制定基准排放率,过渡至基准线原则,以行业的单位产值排放量作为基准。无论是从实践角度还是理论角度,基准线原则都是更加合适的初始分配原则。

8.4.2　阶梯式价格促进产业调整

在定价出售碳排放配额的同时,还可以通过制定阶梯式价格促进上海市产业结构调整。

嘉兴市排污权交易在这方面的经验值得借鉴,为降低排污总量、控制重污染企业的发展以及调整产业结构,嘉兴市规定了新进项目要购买大于实际排放量的排污权,一般污染行业要购买新增排污量 1.2 倍以上(含 1.2 倍)的排污权,重污染行业要购买新增排污量 1.5 倍以上(含 1.5 倍)的排污权。

上海市经济委员会发布的《上海工业产业导向和布局指南(2007 年修订本)》提出了上海工业产业导向分为鼓励类、限制类、禁止类,不在上述三类的即为允许类。鼓励类包括高附加值和高科技含量的产业和技术,有利于促进循环经济的发展等要求。限制类和禁止类主要是指一些污染严重、能耗过高的产业,以及在生产制造过程中会排放大量有毒、有害物质的工艺和产品。

在确定各行业、产业的碳排放配额价格时,可以遵循上海的产业导向,对鼓励发展的产业、技术、产品予以一定的优惠和扶持,而对于限制和禁止发展的产业、技术、产品应该提高要求,促进污染严重、能耗过高等产业的淘汰。例如,可以在原有价格的基础上,对鼓励类、限制类和禁止类分别乘以一定的价格系数,鼓励类为 0.8、限制类为 1.2、禁止类为 1.5。

每个企业分配到的配额的计算式为:配额量＝行业基准×产值。

购买价格为:基础价格×产业导向系数,鼓励类为 0.8,允许类为 1,限制类为 1.2,禁止类为 1.5。

采用有偿分配会增加企业生产成本,降低本地企业的竞争力,影响经济发展。这可以通过价格补贴等方式予以弥补和纠正,对于影响竞争力的企业应给予价格补贴,按照企业的贸易强度来划分对企业竞争力的影响。初期的价格补贴要求力度较大,以帮助企业适应新机制的推行,而后可以根据实际情况,逐渐减小补贴的力度。

第9章 配额拍卖设计

第 7 章的研究为碳排放交易机制的总量规定了上限,这既为控制排放制定了明确目标,也从经济学角度指明了碳排放的空间(即环境容量资源)是有限的。有限的环境容量资源通过碳排放交易机制的政策设计,成为可准确计量的、标准化的碳排放配额,便可以进行分配和交易。要确保排放配额的稀缺性,最好的方式便是排放者需要为排放配额的使用而支付费用。配额拍卖体现的便是这种"排放着付费原则"。

本章将首先阐释在上海市碳排放交易机制中推行配额拍卖的必要性和可行性,在此基础上重点分析选择哪种拍卖方式来进行拍卖。在确定了拍卖方式后,进一步对配额拍卖所涉及的两个重要参数——拍卖比例(数量)和拍卖底价进行分析。

9.1 实施配额拍卖的必要性与可行性分析

必要性主要从公平公正原则、价格形成机制、决策方式和市场信息 4 个角度来论证;可行性主要从市场基础条件、法规政策环境和相关经验实践 3 个方面来论证。

9.1.1 上海市碳排放交易机制实行配额拍卖的必要性

上海市碳排放交易机制实行配额拍卖的必要性体现在:

(1) 与免费发放排放配额相比,推行拍卖更能体现公平、公正的原则。正如第 2 章中的阐释,排放配额是环境容量资源的具体体现。这种环境容量资源具有公共属性,但是排放设施在占有(使用)资源的时候却是无偿的,而占用资源排放温室气体所导致的负面影响却是由全社会来承担的。碳排放交易机制建立的目的便是要将这种环境外部性内部化,使得排放设施须要对其所产生的排放支付一定的费用。免费分配无疑使得这样的作用大打折扣。此外,免费分配还会造成额外的不公平。碳排放配额在发放环节虽然是免费的,但是实际上其在市场中仍然是具有价值的。由于免费发放通常都是依据历史排放法,也就是说历史排放量越大的企业,获得的免费配额也就越多,这也就变相鼓励了那些在过去大量排放的企业,而惩罚了在先期积极减排的企业,造成"鞭打快牛"的局面。实施拍卖则能够在很大程度上避免这样的问题,更好地体现公平公正原则。

(2)从完善碳排放交易市场的价格形成机制来看,实行配额拍卖是碳排放交易机制进一步发展的必然选择。第6章中的价格机制发展路径示意图(图6-3)表明,上海市碳排放交易价格形成机制将逐步经历由仅依靠二级市场现货交易,到同时依靠一级市场拍卖和二级市场现货交易,再到最终形成交易品种齐全(现货和衍生品)、一二级市场分工合理的成熟市场的发展历程。在上海市碳排放交易试点第一阶段(2013—2015年),一级市场不具备价格形成能力,碳价仅依靠二级市场的现货交易来形成。从上海市碳排放交易第一阶段的实际运行情况来看,上海碳市场更可能是一个"薄"市场,即二级市场配额交易活跃程度不高。2013—2014年的运行数据表明,符合参与市场交易的主体包括191家试点企业和20余家投资机构,但是实际参与碳排放交易的只有93家,所占比例不到一半。从交易量来看,2013—2014年,上海碳市场的成交总量约200万吨,这同约1.6亿吨的年配额总量相比,只是非常小的一部分[1]。因此,仅依靠单薄的二级市场来形成价格存在较大的局限性。与目前二级市场上比较零散的、一对一为主的配额交易相比,配额拍卖可以将一定数量的具有需求的配额买家聚集起来,在较短时间内,集中出价,根据众多买家的竞价和竞买量,最终确定成交价格,从而形成清晰、明确的价格信号。

(3)从改进决策方式的角度来看,推行拍卖可以实现由集中决策方式向集中决策与分散决策相结合的方式转变。怎样合理、有效地进行配额初始分配始终是碳排放交易机制的重要问题。一种良好的配额初始分配决策方式应该能够充分反映市场参与各方的需求,同时兼顾公平性和透明性。目前上海市的配额初始分配过程,是以集中决策方式为主的过程,即主管部门(上海市发改委)制定一套统一的配额分配标准,各个试点企业的配额数量均依据该套标准得出。对于配额拍卖,体现的则是一个分散决策过程。主管部门决定配额的拍卖方式、拍卖数量等,试点企业根据自身的情况决定是否参与拍卖以及参与拍卖时的出价和竞买量。最终的拍卖结果反映了主管部门、竞拍企业等参与各方的影响。配额通常情况下能够分配给最需要(出价最高)的实体。可以看出,分散决策相较于集中决策的好处在于,集中决策方式下主管部门在制定配额分配标准时,虽然尽可能地考虑到各方诉求,但是其掌握的信息总是有限的、不充分的,以此制定的单一标准难免存在"一刀切"的可能。而在分散决策方式下,每个市场参与方可以根据自身情况和需求采取相应的对策,最终的分配结果可以较为全面、动态地反映各方博弈的影响。因此,推行配额拍卖,可以实现决策方式的优化,从而更加合理、有效地分配配额。

(4) 从丰富碳排放交易的市场信息来看,推行拍卖也是一个可行的途径。对于市场交易而言,信息是最宝贵的资源。目前上海市碳排放交易的活跃程度较低,有限的交易量也只集中在少数几个月份中。在此基础上形成的成交价格很难反映市场供需状况和边际减排成本,价格形成也存在一定的不透明性。此外,主管部门出于信息公开风险等多方面的原因,没有公开历史碳排放量、配额总量、配额分配大致情况等相关信息,使得试点企业等交易主体很难判断市场形势,增加了其参与交易的难度。而在配额拍卖中,通过对拍卖过程、结果的合理公开,可以有效地丰富市场信息。例如,主管部门设置的配额拍卖底价,很大程度上决定了碳价波动的下限;拍卖的配额数量反映了供应状况,竞拍主体的竞拍数量则反映了需求状况;而竞拍价格分布则反映了不同竞拍主体对于碳价以及自身碳减排成本的预估。

9.1.2　上海市碳排放交易机制实行配额拍卖的可行性

上海市碳排放交易机制实行配额拍卖的可行性主要体现在:

(1) 上海是全国重要的经济中心和金融中心,拥有良好的市场基础条件。在碳金融领域,上海市走在了前列,拥有较为完备的投资机构、碳资产管理公司、碳基金等。目前,获准参与上海市碳排放交易的投资机构已有 20 余家。国内首单核证自愿减排量(CCER)质押贷款也是在上海完成的。同时,上海还具备较好的风险防范能力。从参与碳排放交易的试点企业来看,上海是唯一一个在首轮履约期中实现试点企业 100% 成功履约的试点省市,反映出上海的试点企业普遍具有较好的节能减排意识,这也为进一步推行配额拍卖创造了良好的市场环境。

（2）在政策层面上，上海市已经为配额拍卖做出了规划，在上海市碳排放交易试点的基础性制度文件《上海市人民政府关于本市开展碳排放交易试点工作的实施意见》（沪府发[2012]64号）中对此的表述是"试点期间，碳排放初始配额实行免费发放，适时推行拍卖等有偿方式"。这表明，配额免费发放只是阶段性的，随着碳排放交易试点的推进，引入拍卖将成为必然趋势。

（3）国内碳排放交易试点省市的相关经验，已经为上海市提供了很好的借鉴。在国内7个试点省市中，除重庆以外，其他试点省市均在政策制度上对配额拍卖做了一定安排（表9-1）。在试点阶段，广东、湖北对少部分的配额进行了拍卖，其余省市仍然是以免费分配为主。

实际上，在2014年6月，首轮履约期结束时，上海市出于试点企业完成配额清缴的需要，进行了一次配额有偿发放。有偿发放的底价为46.0元/吨，有偿发放的配额将直接用于完成履约，而不得用于其他用途。最终有两家企业参与了竞买并且竞买成功，竞买统一成交价为48.0元/吨。虽然这次有偿发放还不能算是真正意义上的配额拍卖，但是也不失为是一次有益的尝试，为今后上海市推行拍卖打下了良好基础。

表9-1　　　　　　　　　　　7个试点省市配额拍卖相关情况

试点省市	配额拍卖相关情况
北京	仅保留小部分的配额用于拍卖
重庆	暂无
湖北	储备配额的3%可以用来拍卖配额的，配额拍卖的最低底价在20元/吨
广东	拍卖被用作补充的配额分配手段，2014年开始首次拍卖
上海	拍卖仅被用于作为完成履约期配额清缴的一种补充方法
深圳	拍卖仅被用于作为完成履约期配额清缴的一种补充方法
天津	仅保留小部分的配额用于拍卖

9.2　配额拍卖方式的选择

拍卖一般包括静态（密封）拍卖和动态拍卖。静态拍卖可分为单一价格拍卖、差别价格拍卖和维克里拍卖。3种静态拍卖方式的主要区别为在单一价格拍卖下，最终成交价为统一的市场出清价格；在差别价格拍卖下，最终的成交价为各自的报价;在维克里拍卖下,最终的成交价为各自的机会成本。动态拍卖可分为升序(英式)拍卖和降序(荷兰式)拍卖。在动态拍卖中,拍卖要进行多轮,每一轮由拍卖者给出试探性成交价格,竞拍者根据价格来调整自己投标的数量,拍卖者逐步提高(在英式拍卖中)或是降低(在荷兰式拍卖中)试探性价格,直到竞拍者投标数量和等于拍卖商品数量。

碳排放权(碳排放配额)拍卖是一种同质多物品拍卖。主管部门拍卖一定数量的排放权,每一份排放权或者说每一吨排放配额都是同质无差异的,排放企业、投资机构等竞拍主体在不同的价格水平上提出购买意愿,最终以某种方式来确定成交价格。从国内外的实践经验来看,包括碳排放权拍卖在内的排污权拍卖,基本都采取了单一价格拍卖、差别价格拍卖和英式拍卖这 3 种拍卖方式。表 9-2 列举了这些拍卖方式应用的部分实例。

表 9-2　　　　　　　　　3 种拍卖方式在排污权拍卖中的应用实例

拍卖方式	应用实例
单一价格拍卖	RGGI(美国东北部区域交易体系); EU ETS(欧盟排放交易体系); CA(美国加州交易体系); 中国广东省碳排放交易试点等
差别价格拍卖	美国二氧化硫排放权交易机制
英式拍卖	美国维吉尼亚 NO_x 排放权交易机制

在上海市碳排放交易试点中采取何种拍卖方式,需要比较各种拍卖方式的优缺点,同时结合上海市的政策目标、市场基础条件等因素来确定。对此,本节将从期望收益、有效性、公平性与简便性 3 个方面,对单一价格拍卖、差别价格拍卖和英式拍卖 3 种拍卖形式进行分析比较,并结合上海的实际情况来选择拍卖形式。

9.2.1　期望收益

拍卖可以为拍卖者(主管部门)带来收益,在不同的拍卖方式下,产生的收益可能会不同。拍卖问题的基本特征是价值信息不对称。按照拍卖品价值信息特征的不同,拍卖的基本模型可以分为私人价值模型、共同价值模型和关联价值模型[2]。在对称的独立私人价值模型(Symmetric Independent Private Value,SIPV)下,对于单物品拍卖,Vickrey[3]、Myerson[4]和Riley[5]等学者的理论研究都证实,不管采用哪种拍卖方式,拍卖人的期望收益都是等价的,即存在"收益等价定理"。但是碳排放权的拍卖是属于同质多物品拍卖,并且碳排放权拍卖的特殊性还在于其既具有私人价值属性,同时也具有共有价值属性。在这种情形下,收益等价定理便不再适用。在 Milgrom 等[6]的研究中通过建立关联价值模型得出不同拍卖方式下拍卖人的期望收益情况,按照由高到低的顺序依次为:英式拍卖,单一价格拍卖,差别价格拍卖。

此外,拍卖者的期望收益同竞拍者的风险偏好也有密切关系。在不同的风险偏好条件下,以上预期收益的排序关系也可能会产生变化。

9.2.2 有效性

拍卖的一个很重要的目标便是要在拍卖过程中不断揭示排放配额的真实价值。这就要求竞拍者在竞拍过程中按照自己对碳配额的真实估价来进行出价。拍卖的有效性指的便是竞拍者在拍卖中"讲真话",按照自己的真实估价来竞拍。然而,竞拍者的竞拍行为会受到拍卖形式的显著影响。不管是在哪种拍卖方式中,竞拍者的最终目的都是要以尽可能低的成本来确保竞拍成功。

在差别价格拍卖方式中,竞拍者最终支付价格为其报价。因此,竞拍者的占优出价策略为尽可能地估计出市场出清价格,并使自己的报价较最终出清价格稍高。较高的出价虽然可以增大竞拍成功的可能性,但是会造成竞拍成本的急剧上升。而在单一价格拍卖方式中,竞拍者的最终支付价格为统一的市场出清价格,同竞拍者的报价无关。在这种情况下,相比而言,预测市场出清价格并不十分重要,竞拍者的占优出价策略为以稍低于自身的真实估价来出价,以赚取额外的收益并尽可能地影响最终的市场出清价格。因此,以上两种拍卖方式均不是完全有效的。在英式拍卖中也存在着缺乏有效性的情况。维克里拍卖方式可以减少竞拍者隐瞒真实估价的出价行为,在该种拍卖方式下,竞拍者最终支付价格为其机会成本,按照真实的估价出价是较优的策略。但是对于一般竞拍者而言,维克里拍卖的定价规则难以理解,在实际操作中也很少采用该种拍卖方式的。有相关研究表明,当参与拍卖的竞拍者均不具备明显的市场势力即市场操控能力时,单一价格拍卖的有效性会接近于维克里拍卖。

9.2.3 公平性与简便性

在对碳配额进行拍卖时,应当要尽可能提供相对均等的机会,使所有符合条件的市场主体都有可能参与到竞拍中来。相较于大型排放企业和专业的投资机构,中小型排放企业在竞拍中处于弱势。中小型排放企业普遍缺乏相应能力来参与配额拍卖。拍卖规则比较复杂,或者最终为拍卖支付的成本较高,都有可能导致中小企业难以参与到拍卖中来。英式拍卖属于动态拍卖,拍卖过程中要进行多轮竞拍,规则比较复杂,不利于中小企业的参与。差别价格拍卖和单一价格拍卖都是静态拍卖,均只需进行一轮竞拍,拍卖规则的可理解性高,比较简便。两者的差异在于:单一价格拍卖方式下,最终支付价格为统一的市场出清价格,中小型企业可以采取相对激进的出价策略以提高竞拍成功率,同时又能受益于较低的市场出清价格;而在差别价格拍卖中,支付价格为各自竞拍报价,中小企业由于财力有限,只能采取相对较低的竞价,从而增加了竞拍失败的风险。那些财力雄厚的大型企业和投资机构则更容易在差别价格拍卖中获得垄断地位。总的来看,在英式拍卖、差别价格拍卖和单一价格拍卖 3 种方式中,单一价格拍卖兼具简便性和公平性,可以为各类市场主体创造较为均等的机会来参与拍卖。

表 9-3 对 3 种拍卖方式的特点进行了简要总结和定性比较。表中"＊"越多,表示该项的程度越高(好)。

表 9-3　　　　　　　　　3 种拍卖方式定性比较

拍卖方式	期望收益	有效性	公平性与简便性
差别价格拍卖	＊	＊	＊ ＊
单一价格拍卖	＊ ＊	＊ ＊	＊ ＊
英式拍卖	＊ ＊ ＊	＊ ＊ ＊	＊

就上海市的实际情况而言,上海市碳排放交易试点的首要目标是保持试点机制平稳运行,在此基础上进一步健全、完善制度建设,包括完善配额初始分配制度,由免费发放逐步转为拍卖等。在此背景下,拍卖所产生的期望收益大小并不是政策制定时要考虑的首要目标。

分析上海市试点企业的基本情况,纳入交易的 191 家试点企业中,中小企业占据多数。以年排放量为划分依据,年排放量在 10 万吨以下的中小型企业有 131 家,占比约七成[7]。*Environomist China Carbon Market Research Report* 2014[8]对上海市 191 家试点企业中的 154 家企业开展了碳排放交易能力调研,调研企业样本数占试点企业总数的 80%左右,可以较好地反映上海市碳排放交易试点企业的普遍情况。从调研结果来看,154 家企业中有 51%的企业尚未设立也没有计划设立有关碳排放交易、碳管理的部门,31%的企业没有设立碳排放交易部门但是表示在未来会有相关计划,只有 18%的企业现阶段具有专门的碳排放交易、碳管理部门。由于上海市试点企业的基本特点是中小企业占大部分,试点企业参与碳排放交易的能力比较薄弱,绝大部分企业并没有专门的部门配置、人才资源来应对碳排放交易、碳管理等。

上海市在选择拍卖方式时应当结合当前试点企业的基本特点。首先,要照顾占据大多数的中小企业的需求和利益。再者,考虑到试点企业的碳排放交易能力现状,拍卖方式应当尽可能简便、易于操作,同时也能保证大多数企业有均等的机会。此外,拍卖方式也应当是有效的,这样才能使拍卖产生的价格信号较为真实地反映市场供求和减排成本情况。相比之下,拍卖能否为主管部门带来较多的收益,并不是上海市碳排放交易试点目前应该重点考虑的因素。

基于以上分析,在 3 种拍卖方式中,单一价格拍卖最好地兼顾了有效性、公平性与简便性,同上海的政策目标、市场基础条件等实际情况最为契合。因此,建议上海市碳排放交易试点采用单一价格拍卖方式。

9.3 拍卖比例(数量)

从配额免费发放到实施有偿拍卖是一个循序渐进的过程。拍卖比例越高,企业为碳排放配额支付的成本就越多,相应地,政府部门通过拍卖获得的收益也越多,掌握的市场调控空间也越大。根据国内外相关经验,通常在推行拍卖的初始阶段,仅拍卖少部分配额,在此之后,随着时间的推移拍卖比例再逐步提高。这样比较有利于排放企业适应和控制逐步上升的排放成本,也有利于减少推行拍卖的阻力。表 9-4 比较了部分国内外排放交易机制中配额拍卖比例的设置情况。可以看出,国内外排放交易机制在推行配额拍卖时的普遍做法和经验是在初期均实行较低比例的拍卖(一般低于总量的 10%),此后再根据实际情况逐步提高拍卖比例。

表 9-4 国内外部分碳排放交易机制配额拍卖比例情况

排放交易机制		配额拍卖比例情况
国外	欧盟排放交易体系（EU ETS）	阶段Ⅰ：几乎所有配额均为免费分配，少数成员国（如丹麦、匈牙利、爱尔兰等）采取了少量拍卖； 阶段Ⅱ：阶段Ⅰ基本一致，有 8 个成员国实施了拍卖，拍卖的配额占配额总量的 3%； 阶段Ⅲ：针对电力、制造业和航空业实行区别的分配政策，2013 年拍卖的配额量占到了总量的 40%
	美国加州碳排放交易体系	首轮履约周期配额的拍卖比例为 10%，并在此之后保持逐步提高
	韩国排放交易体系	阶段Ⅰ：100%免费分配； 阶段Ⅱ：97%免费分配，3%拍卖； 阶段Ⅲ：拍卖比例将超过 10%
国内	广东碳排放交易试点机制	试点阶段配额以免费分配为主，同时实行少部分拍卖，2013 年拍卖比例为 3%，2015 年增加至 10%
	湖北碳排放交易试点机制	试点期间政府预留 8%的配额，并将预留配额的 30%左右用于拍卖，即拍卖比例为 3%左右

　　上海市在引入配额拍卖时应当充分借鉴现有经验。但是，值得注意的是以上海为代表的国内碳排放交易试点同以欧盟为代表的发达国家和地区的排放交易机制存在着较大差异。一方面，欧盟等发达国家和地区的经济发展水平较高，碳排放量已经越过了峰值水平，交易机制的配额总量在未来保持平稳或逐步减少，而上海市在未来依然面临经济发展和控制排放的双重压力，碳排放总量在未来一段时期内还会持续增长，碳排放交易机制配额总量也会适当增加。另一方面，由于市场基础条件等多方面的原因，上海市碳试点的二级市场交易活跃程度要远低于欧盟等发达国家和地区的二级市场交易。2014 年，上海市碳排放交易的成交总量不到 200 万吨，交易量占配额总量比例不到 2%，市场参与主体的交易需求并不强烈。如果在引入拍卖初期，配额拍卖比例过高，导致拍卖量远远超过二级市场成交量，可能会干扰二级市场的运行，也不利于拍卖本身的实施。

　　结合第 7 章的分析，最为接近上海市未来发展趋势的是转型情景。在此情景下,2016—2020 年间上海市碳排放交易机制的配额总量仍然保持逐年增长。从 2016 年的 1.636 亿吨增长到 2020 年的 1.749 亿吨,年均配额总量增加 200 万～300 万吨,增幅为 1%～2%,配额年增长量同 2014 年全年上海市碳排放交易二级市场成交量大体相当。基于以上情况,建议上海市在试点第二阶段 (2016—2017 年)实行配额拍卖时,可以采用对存量配额继续实行免费分配,对增量配额则实行有偿拍卖的政策。在转型情景下,各年度的拍卖比例设置大致情况如表 9-5 所示。在推行拍卖的初期,实行"存量免费,增量拍卖"的政策可以很好地避免排放企业的排放交易成本过快上升,也有利于减少配额拍卖的推行阻力。从每年的拍卖比例变化来看,拍卖比例逐年上升,但仍然保持在一个合理且较低的水平,而拍卖比例逐年提高可以创造良好的政策预期,促使排放企业尽早实施减排。

表 9-5　　　　2016—2020 年各年度拍卖比例设置情况(转型情景下)

年份	当年度配额总量 /亿吨	当年度配额的增量/拍卖量 (以 2016 年为基准)/万吨	当年度拍卖比例
2016	1.636	—	0%
2017	1.666	300	1.8%
2018	1.693	570	3.3%
2019	1.722	860	5.0%
2020	1.749	1130	6.4

9.4　拍卖底价

除了配额拍卖比例(数量)外,配额拍卖底价也是一个重要的参数。配额拍卖底价虽然并不一定是拍卖成交的最终价格,但是却在一定程度上决定了碳价波动的下限。决定配额拍卖底价需要考虑现有配额交易市场(二级市场)的价格情况、竞拍企业的价格承受能力、配额价格的长期趋势等因素。

从二级市场的配额交易情况来看,2014 年上海市碳市场上进行交易的配额品种主要有 2013 年度配额(SHEA 13)和 2014 年度配额(SHEA 14)。2013 年度配额的价格在 28～45 元/吨之间,2014 年度配额的价格在 28～36 元/吨之间。2013 年度配额的平均价格要略高于 2014 年度配额的平均价格,但总体上相差不大。

　　从试点企业的价格接受能力来看,相关研究报告在 2014 年对上海市 154 家试点企业进行了问卷调查,有 125 家企业对期望买入碳价格做出了回复,有 132 家企业对可接受最高买入碳价格做了回复,所搜集到的回复情况反映见图 9-1,上海市碳排放交易试点企业对于碳价格的接受能力普遍较低,大部分企业给出的期望碳价格和可接受最高碳价格都比较低。近六成的企业期望买入的碳配额价格在 30 元每吨以下,低于 2014 年上海市二级市场配额成交均价。超过七成受访企业期望碳价格在 60 元/吨以下。从可接受最高买入价格来看,57%的企业选择了低于 30 元/吨,73%的企业选择了 60 元/吨以下。这反映出在试点阶段,绝大部分排放企业对于碳配额的价格比较敏感,期望能够以较低价格获得配额,从而避免排放成本过快上升。

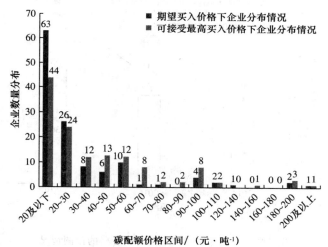

图 9-1　上海市 154 家受访试点企业对碳配额价格调查的回复情况

资料来源:Environmist China Carbon Market Research Report 2014

　　从碳配额价格的长期趋势来看,碳价格是由配额总量,潜在排放增长率,交易体系覆盖的排放源,覆盖行业的减排成本,各交易试点出台的价格管理手段(如最低限价和最高限价),与其他碳排放交易体系的连接情况,补充机制等多重因素共同决定的,价格具有很大的不确定性。因此,对未来碳价做定量分析会存在很大困难。*China Carbon Pricing Survey* 2013[9]采用了专家咨询的方法,收集了 65 位国内碳排放交易领域专家的反馈,这些专家主要来自碳排放交易公司、国家政策研究机构、非政府组织、高校等机构,具有较好的普遍性。调研结果可以看作是关于中国未来碳价格趋势的"最佳猜测"集合,调研结果(图 9-2),结果显示,2014 年、2016 年和 2018 年国内碳配额平均预测价格分别为 32 元/吨、41 元/吨和 53 元/吨。从预测价格的分布情况来看,80%的专家预测 2014 年、2016 年和 2018 年国内碳价分别在 40 元/吨、50 元/吨和 80 元/吨及以下。总体上,虽然专家对于未来碳价格水平预期存在一定差异,但是预期碳价变化上均逐步上升。上海市的碳价情况同国内总体情况基本保持一致,并且从长远来看,未来随着经济转型、节能减排力度进一步加大,碳价也将保持逐步上升趋势。

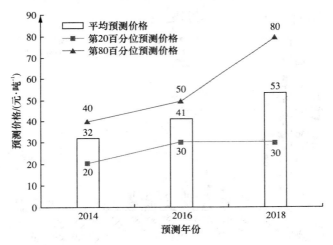

图 9-2   65 位专家对未来国内碳价格的预测情况

资料来源:China Carbon Pricing Survey 2013

综上分析,上海市在试点第二阶段(2016—2020 年)引入配额拍卖时,如果拍卖底价设置过高,则可能导致大部分企业缺乏竞拍意愿或是难以参加拍卖,从而使得拍卖失败。仅有个别企业参加的竞拍也不能体现公平性和有效性。如果拍卖底价设置过低,虽然有助于调动排放企业的竞拍积极性,活跃拍卖市场,但是二级市场在前期运行中已经积累了一定的碳价信号,过低的拍卖底价将会造成价格信号混乱,不利于二级市场的运行。因此,在实行拍卖时,拍卖底价可以略低于同期二级市场价格,既有利于鼓励排放企业、投资机构等参与竞拍,也不会对二级市场的运行产生较大影响。根据上海市 2014 年二级市场配额交易的情况,建议将首次拍卖的底价设置在 30～35 元/吨。同时,结合碳价的长期趋势,拍卖底价应该逐步提高,从而更好地激励排放企业开展减排。

9.5 本章小结

本章首先分别从公平公正原则、价格形成机制、决策方式、市场信息 4 个角度和市场基础条件、法规政策环境、相关经验实践 3 个方面阐释了在上海市碳排放交易机制中实行配额拍卖的必要性和可行性,指出推行配额拍卖是上海市碳排放交易试点进一步发展完善的必然选择,同时也具有可行性。

接着重点讨论了拍卖方式的选择。结合国内外实践,从期望收益、有效性、公平性与简便性 3 个方面比较了单一价格拍卖方式、差别价格拍卖方式和英式拍卖方式这 3 种拍卖方式。单一价格拍卖较其他两种拍卖方式而言,更好地兼备有效性、公平性、简便性,符合当前上海市碳试点政策目标,也符合上海市试点企业的实际情况,建议上海市在推行拍卖时采用单一价格拍卖形式。

在配额拍卖比例(数量)方面,为了使排放企业更好地适应拍卖所导致的成本上升,建议上海市在引入拍卖初期阶段(2016—2020 年),仅拍卖少量配额,实行"存量配额免费分配,增量配额有偿拍卖"的政策。配额拍卖比例由 2016 年的 0% 逐步增加到 2020 年的 6% 左右。在配额拍卖底价设置方面,综合配额二级市场交易价格现状、竞拍企业价格承受能力、配额价格长期趋势这 3 方面因素,建议上海在实行拍卖初期时,拍卖底价设置可以略低于同期二级市场价格,首次拍卖的参考底价在 30～35 元/吨。同时结合碳价的长期上涨趋势,逐步提高拍卖底价,从而更好地激励排放企业开展减排。

本章参考文献

[1] 上海环境能源交易所.上海碳市场报告(2013—2014)[R].http://www.cneeex.com/ detail.jsp？main_colid＝240＆top_id＝238＆main_artid＝6903.

[2] 陈德湖.总量控制下排污权拍卖理论与政策研究[M].北京:经济科学出版社,2014.

[3] Vickrey W. Counterspeculation, Auction and competitive sealed tenders[J]. Journal of

Finance,1961,(16):8-37.

[4] Myerson R. Optimal auction design[J]. Mathematics of Operations Research,1981,
     (6):58-73.

[5] Riley J,Samuelson W. Optimal auctions[J]. American Economic Reviews,1981,(71):
     381-392.

[6] Milgrom P,Weber R. A theory of auctions and competitive bidding[J]. Econometrica,
     1982,(50):1089-1122.

[7] 上海节能低碳和应对气候变化网.重点单位碳排放状况分布 MAP[DB/OL]. http://
     222. 68. 19. 81/shets/map/CarbonSearch. jsp.

[8] Environomist Ltd.. Environomist China Carbon Market Research Report 2014[R]. ht-
     tp://www. environomist. com/upload/file/Environomist％ 20China％ 20Carbon％
     20Market％20Research％20Report％202014_EN. pdf.

[9] Frank Jotzo,Dimitri de Boerand Hugh Kater. China Carbon Pricing Survey 2013[R].
     China Carbon Forum,2013. http://www. chinacarbon. info/wp-content/uploads/2013/
     10/China-Carbon-Pricing-Survey-2013_Report_English1. pdf.

第 10 章　碳排放的监测、报告与核查

　　碳排放的监测、报告与核查（Monitoring, Reporting and Verification, MRV）本意是指排放量或减排效果是可测量/监测、可报告和可核查的,经常被用在温室气体(GHG)的排放和减排上。本质上,MRV 是在一定时间内通过一系列措施来量化温室气体的排放并改变其流程。已经通过了 MRV 流程的量化值可以代表温室气体排放的准确水平。然而,如果 MRV 过程是不充分的,量化值可能不代表真正的气体量。因此,对于改变排放水平,有充分过程的 MRV 是理解排放的水平和行为的影响关键。MRV 的具体含义如下:

　　可测量主要是指采取的政策、行动、措施本身和政策、行动、措施的排放或者减缓效果是可以测量的。

　　可报告是指能够按照 UNFCCC 或其他达成一致的要求进行报告。

　　可核查是指能够通过协商一致的方式对政策、行动、措施的排放或者减缓效果进行核查,包括国内和国际核查。

　　MRV 不仅与实现国家、省市的减排目标密切相关,也关系到碳排放交易市场的建立。MRV 是碳排放交易实施中核心的因素之一。MRV 的重要性具体表现在以下几个方面:

　　(1) 每个碳市场需要一个公平、公正、透明的监测制度;

　　(2) 被监测、被核查的排放量常常作为分配排放权的基础;

　　(3) 碳排放量决定企业应交碳排放权配额的总量;

　　(4) 监测规则需要确保公平性、可比性与透明度,同时也不能过度复杂,以免提高企业的履约成本。

　　MRV 还具有显著的政治意义。因为在气候变化国际谈判中,MRV 成了一个重要议题。MRV 在谈判中的讨论已经和国家的排放、减排、责任、资金和技术援助等结合起来,这就赋予了 MRV 政治意义。《巴厘行动计划》要求发展中国家要在可持续发展框架下,在得到技术、资金和能力建设的支持下,采取适当的国内减缓行动,上述支持和减缓行动均应是"可测量、可报告和可核查的"。

发展中国家的这项承诺,与得到技术、资金和能力建设支持挂钩。在谈判这个条款时,最初有两个不同的表述。目前通过的表述是发展中国家提议的内容,但曾经遭到发达国家反对,原因在于发展中国家要求发达国家提供技术、资金和能力建设也是要"可测量、可报告和可核查的",同时要足够到"使"发展中国家"能够"承担这种"可测量、可报告和可核查的"减排行动。发达国家原来主张的文字表述,只要求发展中国家采取"可测量、可报告和可核查的"减排行动,而对向发展中国家提供技术转让、资金和能力建设,只说"支持",没有明确支持的程度,也没有提出这种支持是否是"可测量、可报告和可核查的"。实际上,接受承担"可测量、可报告和可核查的"的减排行动,已经是发展中国家做出的重大让步和妥协。部分发展中国家对此仍然有很大的保留,只是为了达成一致,很不情愿做出的妥协。最后依据目前各方妥协同意的条款规定,发达国家要先履行向发展中国家提供"可测量、可报告和可核查的"技术、资金和能力建设支持,而且提供这些支持的程度需要达到使发展中国家能够采取"可测量、可报告和可核查的"适当的国内减缓行动的程度。为了确保发展中国家承担减排义务的有效性,发达国家要求这种减排行动是"可测量、可报告和可核查的"。这对广大发展中国家而言,是一个巨大的挑战,尤其"可核查的"是严峻的挑战。

10.1　MRV 的四个层次

MRV 有四个不同的层次:组织、项目、国家和政策层次。这四个层次的 MRV 应该被区分,因为它们在目的和性质上是不同的,某一层次的方法和经验在某种程度上可能不会立即适用于另一个层次。

1. 组织层次

组织层次的 MRV 的目标在于进行温室气体排放交易和报告方案,如欧盟排放交易计划(EU—ETS),日本自愿排放交易计划(J—VETS),气候注册和东京都政府资产 ETS 下从指定的实体确定温室气体排放的数量。这个级别的 MRV 过人之处是通过其高水平的财政紧缩来直接连接到财政刺激。

2. 项目层次

项目层次的 MRV 的目标在于通过量化减少排放的温室气体量的项目来达到信用评价的目的。最常见的是通过实施清洁发展机制(CDM),但也可以通过其他信用评价方案如验证碳方案(VCS)。在组织层次上,它需要一个高水平的准确性。虽然它的方法论已经发育良好,但还是有一个持续的挑战,那就是准确地估计"排放底线",使内部和外部项目情节之间的比较具有可行性。

3. 国家层次

国家层次的 MRV 目标在于确定每个国家的温室气体排放量。其使用的方法是由政府间气候变化专门委员会(IPCC)提出指导方针。由于该方法主要依靠国家统计数据,其精度要求与组织层次和项目层次相比没有那么严格。尽管大多数发达国家通过他们的温室气体库存 MRV 来确定自己国家的 MRV 计划,许多发展中国家的国家层次 MRV 还没有那么系统化、制度化。此外,国家层次 MRV 还可适用于区域和地方的层次上,但在低于国家层次的情况下,其方法和应用水平目前来说还是有限的。

4. 政策层次

政策层次 MRV 目标在于就温室气体排放而言来量化具体政策或行动的影响,其中包括 NAMAs。其可利用的方法和指南在这个层次很有限,他们需要基于其他层次的经验进一步发展。

10.2　监测

监测包括对排放的常规或临时的数据收集、监测和计算。这里的温室气体是京都议定书所规定的包括二氧化碳在内的 6 种气体。

监测应该遵循一系列的标准、方法和原则。从方法上看,国际上较为通用的是温室气体议定书(GHG Protocol)或 ISO 14064 温室气体核证标准。温室气体议定书是由世界资源研究所(World Resources Institute,WRI)和世界可持续发展工商理事会 (World Business Council for Sustainable Development,WBCSD)共同开发,其中包括两个相关但相互独立的标准——企业核算与报告准则以及项目量化准则;ISO 14064 温室气体核证标准由国际标准化协会(ISO)制定,旨在保证温室气体排放的监测、量化和削减。

监测需要软件、硬件的支持。硬件可用于监测具体的排放源或相关指标,软件可用于信息的收集、计算、统计和分析。软硬件的有效结合可以获得更精确、更及时的碳监测效果。美国发动机制造商康明斯(Cummins)就是一个很好的例子。该公司自 2009 年起启用了一套基于网络的数据采集和报告系统。这套系统经过改进,可以实现如下新增功能:①对自动采集的数据进行一致性检验,若发现数据与历史数据不一致,则能发出提醒;②提供一个对所有数据单位进行换算的下拉菜单,操作人员无须进行任何单位换算;③自动的数据换算;④设置了双重验证程序,工厂经理和公司的环境事务主管均须对数据进行审批。这样一套系统实现了碳监测的精细化和流程化。

10.2.1 监测的基本原则

1. 完整性

为了避免重复计算,监测和报告应涵盖所有排放源和源流中涉及这些活动的指定温室气体的所有的过程和燃烧排放。

2. 一致性

监测和报告排放量在使用相同的监测方法和数据集的情况下,随着时间的推移应该是可比较的。监测方法若是上报数据的准确性提高了,按照这些准则的规定是可以改变的,监测方法的变动须经主管机关批准,并按照这些准则完全记录在内。

3. 透明度

监测数据包括假设、引用、活动数据、排放因子、抗氧化因子及转换因子的记录、整理和分析。排放量记录的方式应由验证和主管机关决定。

4. 真实性

监测和报告的排放量应该既不高于也不低于真实排放。不确定性的来源应被鉴定,并尽可能减少。应行使尽职调查,以确保排放表现的测量和计算达到的准确度最高。运营商应对报告的排放量的完整性做合理的保证。排放应在这些指导方针下来决定使用哪些相应的监测方法。所有测试设备用于监测数据及报告时,应进行适当的应用,维护和校准,并检查。电子表格和其他用来存储和操纵的监测数据的工具应不受误差的影响。报告的排放量及相关披露应不存在重大错报,在选择和展示信息时避免偏见。

5. 成本效益

在选择监测方法时,应从精度的改善来权衡额外费用。因此,排放量的监测和报告应力求达到最高的精度,除非这是技术上不可行或会导致不合理的高成本。监测方法本身应以逻辑和简单的方式对经营者描述,避免重复工作,并考虑到现有的系统安装到位。

6. 诚信

经核实的排放报告应当能够被用户依赖,它能代表或可以合理预期的代表诚信。

7. 排放监测和报告的性能改进

验证排放报告的过程应是一个有效和可靠的质量保证和质量控制过程,在其工具的支持下,提供排放信息后得监测和报告,运营商可以据此来采取行动,以改善其性能。

10.2.2　边界

安装过程的监测和报告应涵盖所有排放源和源流中涉及这些活动的指定温室气体安装过程中的排放。

用于运输用途的可移动内燃机的排放应排除。

排放量监测的报告期内的排放应包括常规操作和异常事件,其中启动、关机和紧急情况都在此范围内。

是否安装额外的燃烧,如热电联产安装,被视为一部分进行安装其他附件 I 的活动或者作为一个单独的安装取决于当地的具体情况,并应取得安装温室气体排放的许可证。

一个安装中的所有排放应分配给此安装,不管出口到其他装置的热能或电能。与从其他安装进口生产热能或电力相关的排放,不得分配给此安装的进口。

10.2.3　监测计划

监测方法是由主管机关按照标准监测计划予以批准的。成员国或其主管部门应确保安装的应用应在许可证指定监测方法的条件下进行监测。主管机关应在由经营者编制的监测计划的报告期开始前检查及批准,监测计划才可实施。

监测计划应包含以下内容:①装置的安装描述和活动的描述;②有关装置的监测和报告责任的信息;③在装置内一系列排放源的每次活动;④对以计算

为基础的方法或基于测量使用的方法的描述;⑤层次的活动数据,排放因子,抗氧化和转换系数的列表和描述;⑥测量系统的描述,并且将用于每个源流的测量仪器的规格和详细的位置;⑦如果适用的话,将用于燃料和材料的净热值、碳含量、排放因素、氧化和转换系数,并为每个源数据流的生物质含量的测定采样的方法进行描述;⑧为每个源流的净热值、碳含量、排放因子、氧化因子、转换因子或生物量分数的测定预期来源或分析方法进行描述;⑨如果适用的话,非认可实验室及相关的分析程序,包括所有相关的质量保证措施的清单和描述都是需要的;⑩如果适用的话,也可以用一个发射源的监测连续排放测量系统的描述,即测量、测量频率、使用的设备、校准程序、数据收集和存储程序、佐证计算方法的点和活动数据、排放因子的报告;⑪如果适用的话,在这里的所谓"退一步的做法"被应用,全面分析描述了该方法和其不确定性;⑫程序进行数据采集,处理活动和控制活动的描述,以及对活动的描述;⑬在适用情况下,其中与社区生态管理和审计计划(EMAS)等环境管理制度,特别是对程序下开展活动的相关链接适用的信息,和与相关的温室气体排放监测和报告控制。

如果提高了报告数据的准确性,监测方法也要改变,除非这在技术上是不可行的或将导致过高的成本。

修改监测计划应在经营者的内部记录中完全记录和清楚地说明。

若监测计划不再符合指导方针规定的规则,主管当局应要求经营者改变其监测计划。

10.2.4 以计算为基础的方法(二氧化碳排放)

1. 燃烧排放

活动数据应根据燃油的消耗。使用的燃料的量应以能量含量 TJ 而言计算,除非在这些准则中另有说明。排放因子应表示为 tCO_2/TJ,除非在这些准则中另有说明。当燃料被消耗,不是所有燃料中的碳都被氧化成二氧化碳。不完全氧化的发生是由于在燃烧过程中效率的低下,留下一些未燃烧的碳或部分氧化的煤烟或灰烬。未氧化或部分氧化的碳是考虑到在其中应被表示为一个分数,氧化的因素。氧化因子应表示为整体的一小部分。

得到的计算公式为

二氧化碳排放量=燃料流量[T 或 Nm^3]×净热值[TJ/T 或 TJ/Nm^3]×排

放因子[tCO₂/TJ]×氧化因子

2. 过程排放

活动数据应根据材料消耗、吞吐量或产量,并表示为 T 或 Nm³。排放因子应以[tCO₂/T 或 tCO₂/Nm³]计算。原料包含在过程中不转化为二氧化碳的碳,考虑到在其中应被表示为一个分数的转换因子。该转换系数是把排放因子考虑在内的情况,一个单独的转换系数并不适用。使用的原料的数量应表现在质量或体积[T 或 Nm³]上。所得到的计算公式为

二氧化碳排放量＝活动数据[T 或 Nm³]×排放因子[tCO₂/T 或 tCO₂/Nm³]×氧化转换系数

活动数据是按照不确定的临界值来设定的。其他数据是根据气候变化因素,特定国家因素、特定安装的测定来决定的。

10.2.5　以测量为基础的方法(二氧化碳排放)

一旦经营者在报告期前获得主管机关的批准,认为使用 CEMS 达到更高的精度比使用最准确的双轨制方案计算排放量好,温室气体排放量可以通过使用从所有或选定的发射源中使用标准化的或公认的方法——连续排放测量系统(CEMS)的测量为基础的方法来确定。

实施浓度测量的程序,以及对质量或体积流量的测量。如果可能的话,根据标准方法,取样和测量偏差仍具有已知的测量不确定性时,应使用 CEN 标准(即那些由欧洲标准化委员会颁布的)。如果 CEN 标准都无法使用,以适合 ISO 标准(即那些由国际标准化组织颁布的)或国家标准为准。如果没有适用的标准存在,程序可以按照标准草案或行业的最佳实践指南的拟定。

10.2.6　不确定性

在进行温室气体排放量量化与计算的过程中,还应该考虑在获取活动水平数据和相关参数时,可能因为缺乏对真实排放量数值的了解而造成的不确定性。排放量描述以可能数值的范围和可能性为特征的概率密度函数。有很多原因可能导致不确定性,如缺乏完善的活动水平数据,排放因子抽样调查存在着一定的误差范围,采用的模型是真实系统的简化,因而不是十分准确等。所以排放主体应对活动水平数据和相关参数的不确定性以及降低不确定性的措

施进行说明,并且应识别清单中不确定性的重要来源,以帮助安排收集数据和改进测量努力的优先顺序。

10.3 报告

10.3.1 发达国家现有与 MRV 相关报告机制

1. 排放清单

发达国家应该每年提交国家排放清单,包括分部门所有温室气体排放清单,以及 LULUCF 的排放和碳汇,可以采取国家报告系统,同时国际上已经提供了排放清单指南。根据 UNFCCC 所要求的格式已经提供了 6 种温室气体部门和排放来源的数据,并对清单编制方法进行了说明。按照 UNFCCC 的要求,目前发达国家的排放清单编制已经比较成熟和详细。基本上可以满足现在 MRV 的部分要求。

2. 补充信息

需要报告减排额(ERUs)、经审核的减排量(CERs)、分配份额(AAUs)、以及去除额(RMUs)。对于参加京都议定书的合法国家,获得、转让以及中止额度也应该报告。

3. 国家信息通报

公约附件一国家还包括详细描述执行公约所需的各项政策及措施,以及评估上述政策措施对温室气体排放与去除将有何种影响。附件一国家是根据一定时间段提供国家通报,一般是三年到五年,其中包括排放清单和政策行动。但目前来看,对政策的描述更多是定性的,也包括一些定量的数据,如投入的资金等。这些报告为讨论 MRV 提供了很好的基础。

4. 京都议定书下的定量限排和减排目标(QELROs)报告机制

对京都议定书附件一国家的监测和报告要求包括决定国家是否实现 QEL-ROs 的相关信息和是否合法的参与京都议定书下的贸易机制两个方面。

目前现有的监测和报告机制并不要求附件一国家定期提供温室气体减排行动的实施情况,因为一个国家针对 QELROs 的减排行动仅仅被当作是"最后报告"方法,即政策或者行动是实现 QELROs 的投入或者是中间产出。

在京都议定书中,规定了以下内容:①计算和记录议定书为其规定的分配数量；②设置了一个估算各种温室气体认为排放源的和各种汇的清除的国家体系；③设立了一个国家登记系统；④每年均提交所要求的最近期的年度排放清单；⑤提交有关分配数量的补充信息，并据此对分配数量进行了调整。

10.3.2　发展中国家现有的报告机制

提交国家信息通报是《联合国气候变化框架公约》规定的所有缔约方的义务，根据《联合国气候变化框架公约》第四条和第十二条，每个缔约方都有义务提供国家信息通报。公约第十二条第 1 款规定，每一缔约方应通过秘书处向缔约方会议提供含有下列内容的信息：

在其能力允许的范围内，用缔约方会议中将推行和议定的可比方法编成的《蒙特利尔议定书》未予管制的所有温室气体的各种源排放和各种汇的清除的国家清单；

关于该缔约方为履行公约而采取或设想的步骤的一般性描述；

该缔约方认为与实现本公约的目标有关并适合列入其所提供信息的其他信息，在可行情况下，包括与计算全球排放趋势有关的资料。

考虑到非附件一国家与附件一国家不同的责任与能力，对两者编制国家信息通报的要求也有所不同。在公约的第二次缔约方大会上，通过了关于非附件一国家编制国家信息通报的指南，其中规定：

排放清单应提供三种温室气体的数据，即二氧化碳、甲烷和氧化亚氮，并以 1994 年为基准年。

非附件一缔约方可以描述在信息通报有关信息方面的资金和技术的需要和限制，特别是为进一步改进国家信息通报，包括通过能力建设减少排放和清除方面的不确定性，对资金和技术方面的需求和受到的限制，并指出在今后国家信息通报中通过能力建设在哪些方面数据质量能够改进。

目前超过 130 个发展中国家提交了初次国家通报，排放清单是 1994 年的数据。现在有一些发展中国家（4 个）提交了第二次国家通报，中国刚开始就第二次国家通报进行研究。第二次国家通报要求提供 2000 年的排放清单。国家通报中也要求发展中国家提供政策行动的描述，但并没有很明确的要求。因此非附件一国家的国家通报中对政策和行动的描述很弱。

虽然 UNFCCC 框架下对非附件一国家提交的政策行动报告的要求很弱，

但有一些发展中国家自己对其政策进行了描述和报告。如中国 2007 年公布的国家气候变化方案,其中对主要行业的政策行动进行了评述,并在初次国家信息通报中已经报告了相关政策与措施;印度 2008 年公布的国家气候变化行动计划,确认了 8 个主要任务;巴西 2007 年公布的应对气候变化白皮书,也对其政策、项目和行动进行了报告。许多其他发展中国家也对各自的气候变化相关政策进行了评述。

因此,发展中国家的气候变化对策是可以报告的,但是这些气候变化政策和行动不一定是可测量和可核实的,他们也不必向 UNFCCC 提交报告。同时考虑到发展中国家的数据可获得性,要对这些政策和行动进行 MRV,需要更多的数据,现在看来还有一些差距。

10.3.3 报告的编制

1. 年度排放报告信息

(1) 排放主体的基本信息,如排放主体名称、报告年度、组织机构代码、法定代表人、注册地址、经营地址、通讯地址和联系人等。

(2) 排放主体的排放边界。

(3) 排放主体与温室气体排放相关的工艺流程(如有)。

(4) 监测情况说明,包括监测计划的制定与更改情况、实际监测与监测计划的一致性、温室气体排放类型和核算方法选择等。

(5) 温室气体排放核算。

① 采用基于计算的方法时,若选用排放因子法,应报告燃烧排放中分燃料品种的消耗量,对应的相关参数的量值及来源;过程排放中分原材料(成品或半成品)类型的消耗量(产出量)和排放因子的量值及来源;电力和热力排放中外购的电力和热力的消耗量。若选用物料平衡法,应报告输入实物量、输出实物量、燃料或物料含碳量等的量值及来源相关信息。

② 采用基于测量的方法时,应报告排放源的测量值、连续测量时间及相关操作说明等内容。

(6) 不确定性产生的原因及降低不确定性的方法说明。

(7) 其他应说明的情况(如二氧化碳清除等)。

(8) 真实性声明。

2. 数据质量控制

为使年度排放报告准确可信,排放主体可通过以下措施对数据的获取与处理进行质量控制。

(1)排放主体应对数据进行复查和验证。数据复查可采用纵向方法和横向方法。纵向方法即对不同年度的数据进行比较,包括年度排放数据的比较,生产活动变化的比较和工艺过程变化的比较等。横向方法即对不同来源的数据进行比较,包括采购数据、库存数据(基于报告期内的库存信息)、消耗数据间的比较,不同来源(如排放主体检测、行业方法和文献等)的相关参数间比较和不同核算方法间结果的比较等。

(2)排放主体应定期对测量仪器进行校准、调整。当仪器不满足监测要求时,排放主体应当及时采取必要的调整,对该测量仪器进行设计、测试、控制、维护和记录,以确保数据处理过程准确可靠。

3. 信息管理

排放主体应记录并保存下列资料,保存时间不少于 5 年。

(1)核算方法相关信息。选择基于计算的方法时,应保存以下内容:①获取活动水平数据和参数的相关资料(如活动水平数据的原始凭证、检测数据等相关凭证);②不确定性及如何降低不确定性的相关说明。

选择基于测量的方法时,应保存以下内容:①有关职能部门出具的测量仪器证明文件;②连续测量的所有原始数据(包括历次的更改、测试、校准、使用和维护的记录数据);③不确定性及如何降低不确定性的相关说明;④验证计算,应保留所有基于计算的保存内容。

(2)与温室气体排放监测相关的管理材料。

(3)数据质量控制相关记录文件。

(4)年度排放报告。

10.3.4　碳的管理

通过碳的管理可以有效地提高相关企业的发展,可以减少碳排放,提高利用率等,提高企业的效率,从而达到进步来获取更多的利润。用同样数量的投资获得更多的利益。

1. 事前工作

首先要了解该企业的基本情况,并且分析气候的变化可能带来的风险与机遇。其次是明确企业碳管理的对象。这一对象将会影响到后面监测的一系列步骤。不用的对象会有不同的标准。最后是要获得企业高层的支持,只有内部的团结才能获得更大的进步。

2. 摸底监测

基线调查有 4 个步骤:

第一,找到合适的测量方法与计算工具,如《温室气体议定书》和 ISO 14064 系列标准;

第二,确定监测范围,一般包括控股子公司,有能力的企业还可以扩展至其他下属机构;

第三,寻找碳排放源,盘点排放清单;

第四,计算碳排放信息,运用一定技术手段测量或估算碳排放量。为确保数据的真实性,可聘请第三方进行独立评估。

3. 设定碳减排目标

减排目标应做到具体、可衡量、可操作、有明确的起始时间。

碳减排目标有两种,一种是以碳强度为减排目标,指减少单位产值所排放温室气体;另一种是以碳总量为减排目标,指减少企业温室气体排放总量。

4. 实施碳减排目标

减排目标可以从易到难着手:

(1) 进行技术改造、产品革新或者使用可再生及清洁能源替代排放高的能源;

(2) 提高能源效率,减少产品使用过程及废弃处置的碳排放,推动绿色采购,提倡绿色办公(节能、节水、节电、节约纸张等),减少差旅等;

(3) 除直接的减排措施外还可考虑在市场上购买碳信用或自主发起碳汇。

10.4 基于上海市钢铁行业的 MRV 案例研究

10.4.1 上海的 MRV 的实施现状

2011 年 10 月,国家发展和改革委员会印发了《国家发展改革委办公厅关于开展碳排放权交易试点工作的通知》（发改办气候[2011]2601 号），要求在上海等 7 个省市开展区域碳排放交易试点。

上海市开展碳排放交易试点工作的指导思想是建立政府指导下的市场化碳排放交易机制，引导企业实现较低成本的主动减排，推动本市碳排放强度的持续下降和节能低碳发展目标的实现，促进本市"碳服务"关联产业的发展和专业人才队伍、机构能力建设，为本市进一步发展创新型碳金融市场、建设全国性碳排放交易市场和交易平台、推动"四个中心"建设进行探索和实践。并以"政府指导，市场运作；控制强度，相对减排；聚焦重点，区别对待"为基本原则，期望达到建立上海市重点碳排放企业碳排放报告和核查制度、企业碳排放配额分配制度，建立碳排放登记注册、交易和监管等基础支撑体系。到 2015 年，初步建成具有一定兼容性、开放性和示范效应的区域碳排放交易市场，起到碳排放交易的全面推行和全国碳排放交易市场的建设先试先行的作用。

相较于根据国家发展和改革委员会文件——国家发展改革委关于印发《温室气体自愿减排交易管理暂行办法》的通知，和国内已经开展的一些基于项目的自愿减排交易活动，企业可直接向国家发展改革委申请自愿减排项目备案，上海市的政策要相对严格一些。上海市人民政府关于本市开展碳排放交易试点工作的实施意见规定本市行政区域内钢铁、石化、化工、有色、电力、建材、纺织、造纸、橡胶、化纤等工业行业 2010—2011 年中任何一年二氧化碳排放量达两万吨及以上（包括直接排放和间接排放，下同）的重点排放企业，以及航空、港口、机场、铁路、商业、宾馆、金融等非工业行业 2010—2011 年中任何一年二氧化碳排放量达一万吨及以上的重点排放企业，应当纳入试点范围（这些企业以下简称"试点企业"）。试点企业应按规定实行碳排放报告制度，获得碳排放配额并进行管理，接受碳排放核查并按规定履行碳排放控制责任。目前及 2012—2015 年中二氧化碳年排放量达一万吨及以上的其他企业，在试点期间实行碳排放报告制度（这些企业以下简称"报告企业"），为下一阶段扩大试点范围做好准备。试点期间，可根据实际情况，在本市重点用能和排放企业范围内适当扩大试点范围。

2012 年 7 月，上海市人民政府印发了《上海市人民政府关于本市开展碳排放交易试点工作的实施意见》（沪府发[2012]64 号），要求制定出台上海市温室气体排放核算指南和分行业的核算方法等。

温室气体排放核算和报告是开展碳排放交易的一项基础工作,为指导和规范上海市排放主体的温室气体核算、监测和报告行为。上海市发展和改革委员会组织了上海环境能源交易所、上海市信息中心、上海市节能减排中心等单位开展了上海市温室气体排放核算与报告指南和相关行业方法的研究和制定工作。该指南旨在加强上海市温室气体排放核算与报告的科学性、规范性和可操作性,指导排放主体开展温室气体排放监测、核算,并编制"方法科学、数据透明、格式一致、结果可比"的排放报告。同时,该指南也是本市制定相关行业温室气体排放核算和报告方法的重要依据。

上海市温室气体排放核算和报告基本流程见图 10-1。

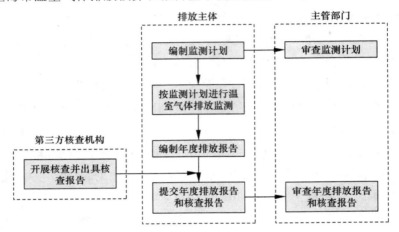

图 10-1 上海市温室气体排放核算和报告基本流程

MRV 的内涵即碳的排放量是可测量、可报告和可核实的,其中可测量主要指采取的措施、行动、措施本身和政策、行动、措施的排放或者减缓效果是可以测量的;可报告,是说能够按照 UNFCCC 或其他达成一致的要求进行报告;可核实是指能够通过协商一致的方式对政策、行动、措施的排放或者减缓效果进行核实,包括国内和国际的核实。

我们不仅认为最后的结果,例如排放了多少吨二氧化碳是可测量的,而且认为对策本身也是可以测量的。另外,可测量的行动应该就是可以报告的,因此在具体操作时可以是一致的,都以报告的形式出现。对于比较难以测量的对策,如一些规章制度等,不能因为难以测量就不包括在 MRV 内,更不应该成为不采取这些对策的理由。

所以在最后提交的 MRV 报告应为两个,一个是减排对策报告,另外一个是核实报告。

在报告结束后需要对监测和报告的事项进行评估,这样的核实由具有资质的第三方审核机构进行,即由没有直接参与清单排放的专家个人承担。

目前上海市所实施的 MRV 的框架和发展中国家的 MRV 的框架相同:①对可持续发展框架下有利于减排的政策和行动进行报告;②尽可能采用定量的方式,包括投入和可能的效果;③在 UNFCCC 框架内进行核实,但是采取评审的方式。采用了报告的方式,如果有了定量的数据,核实就可以是 UNFCCC 框架内的,也可以是对公众开放的评议方式;④采取和发达国家类似的报告格式,可以用于对比。

根据《上海市温室气体排放核算与报告指南(试行)》,上海已经出台了 9 个行业的温室气体排放核算与报告方法。这 9 个行业分别为:①电力、热力生产业;②纺织、造纸行业;③非金属矿物制品业;④钢铁行业;⑤航空运输业;⑥化工行业;⑦旅游饭店、商场、房地产及金融行业办公建筑;⑧有色金属行业;⑨运输站点行业。

10.4.2 上海市钢铁行业的 MRV 背景

1. 研究钢铁行业的必要性

2000 年以来,世界的二氧化碳排放总量超过了 200 亿吨。2009 年,全世界大约排放二氧化碳 340 亿吨,其中,钢铁工业二氧化碳排放量在排放总量中占相当大的比例。据统计 2005 年全球粗钢产量为 11.396 亿吨,全球钢铁工业二氧化碳排放量在 20 亿吨左右,全球钢铁排放的二氧化碳约占当年全球二氧化碳排放量的 5%。2010 年和 2011 年,全球粗钢产量分别为 14.12 亿吨和 15.27 亿吨,其二氧化碳排放量约在 25 亿~30 亿吨。

要控制钢铁行业的碳排放量,就必须先对钢铁生产的各生产工业和过程的碳排放量进行核算,掌握各生产环节二氧化碳的准确排放量,进行污染源的环境影响预测,从而为科学合理地制定污染物减排指标提供依据,同时也为钢铁行业发展低碳经济、开展二氧化碳的回收和利用工作提供思路和途径。

我国的具体情况是钢铁工业是我国二氧化碳排放的主要源头之一,二氧化碳排放量占全国碳排放量的 9.2%,因此,降低我国钢铁工业的二氧化碳排放,对于我国实现温室气体减排目标,促进社会、经济、环境可持续发展等方面都有非常重要的现实意义。

  2. 中国钢铁产业二氧化碳排放的现状

  我国煤炭年使用量在 30 亿~35 亿吨,钢铁工业使用占比 13%~15%(约 5 亿吨),每燃烧 1 吨煤炭将产生 4.12 吨的二氧化碳气体。与此同时,我国的钢铁工业是能源、水资源、矿石资源消耗大的资源密集型产业,其中煤炭消耗占钢铁生产过程中总能耗的 72.19%。有关资料显示,每生产 1 吨钢,采用高炉工艺将排放出 2.5 吨的二氧化碳,电炉工艺也要排放 0.5 吨的二氧化碳。2004 年,中国生铁产量为 2.51 亿吨,钢产量为 2.72 亿吨,占世界钢铁总产量的 26.31%,比产钢量居世界第二、第三、第四位国家的产量之和还要多,由此可以估算,我国钢铁业目前的二氧化碳年排放量在 5 亿吨以上,形势十分严峻。

10.4.3　上海钢铁企业的 MRV 的具体实施

10.4.3.1　概况

  钢铁企业作为上海出台的 9 个需要进行温室气体排放与核算的企业之一,必须公布其温室气体排放量,并接受核证。目前已经有不少计算二氧化碳或者温室气体排放量的标准和工具供钢铁企业使用,如 ISO 14064、温室气体核算体系等。上海市有关部门也根据这些工具和体系出台了《上海市温室气体排放核算与报告技术文件——上海市钢铁行业温室气体排放核算与报告方法》,这一技术文件涵盖了计算钢铁企业温室气体排放量的主要因素。

  钢铁企业温室气体的排放核算与报告应采取 GHG 管理,注重监测、报告和核实的相关性、完整性、一致性、透明度以及精确性。其温室气体的 MRV 的实施步骤流程包括组织与运行边界设定;拟定基准年;识别排放源;排放量量化与计算;建立 GHG 清单;报告与记录;报告制作;内部核实与改善;高层评审;内部核实报告。

  具体说来其实施步骤主要包括温室气体清单的设计和开发,包括组织边界和运营边界的确定,以及温室气体排放和移除的量化;编写温室气体清单,包括温室气体的排放和清除,减少温室气体排放量和增加温室气体清除量的组织活动,基准年的温室气体清单以及不确定性的评估和降低;温室气体清单质量管理,包括温室气体信息管理和文件保留与记录保存;完成温室气体报告,包括总则、温室气体报告计划、温室气体报告内容,组织在核实活动中的作用;核实及认证,包括总则、核实准备以及核实管理。

10.4.3.2　具体步骤

1. 边界确定

对上海市钢铁行业排放主体的温室气体排放核算与报告,其所指的钢铁行业主要是指黑色金属冶炼及压延加工业。

《京都议定书》中规定了 6 种主要温室气体,分别是二氧化碳、甲烷、氧化亚氮、氢氟碳化物、全氟化碳和六氟化碳,但是考虑到实际监测和核算具体操作的可行性,在钢铁行业碳排放的监测、报告和核查中,温室气体排放仅指二氧化碳的排放。

通常来讲,边界的范围分为企业的组织边界和营运边界。组织边界的定义主要是从企业集团的角度着眼,须涵盖旗下子公司、投资公司、合资企业等各项握有权益的独立法人或非法人机构。而运营边界主要就是公司的运营活动,以及将之区分为直接排放与外购电力、蒸汽、热力使用的间接排放,以及其他间接排放(如商务旅行等)3 个类别。

因此在钢铁行业的 MRV 中排放主体原则上为独立法人,其边界与本市能源统计报表制度中规定的统计边界一致。排放主体的核算范围原则上仅核算其在本市行政区域内与生产经营活动相关的排放,包括直接排放和间接排放。直接排放是指化石燃料使用和生产过程中含碳物质含碳量变化产生的温室气体排放,具体排放活动示例见表 10-1。间接排放是指因使用外购的电力、热力等所导致的温室气体排放。生活能耗导致的排放原则上不计入核算范围内。

表 10-1　　　　钢铁行业生产工序及相应的排放活动示例

生产工序		排放活动示例
炼焦		用于持续加热可燃性气体燃烧产生二氧化碳排放
生铁冶炼	造块	化石燃料燃烧及熔剂(如石灰石、白云石等碳酸盐类矿物)高温分解产生二氧化碳排放
	铁还原	还原过程及熔剂高温分解产生二氧化碳排放。二氧化碳在高温下容易与连续投入含碳物质如焦炭煤粉等发生反应,部分被还原成一氧化碳,形成高炉或直接还原炉煤气

续表

生产工序	排放活动示例
粗钢生产	转炉炼钢过程中,铁水中的碳在高温下与吹入的氧生成一氧化碳和少量二氧化碳的混合气体,产生二氧化碳排放;电炉炼钢过程中,钢铁含碳量变化以及添加的焦炭、块煤、废电极、废塑料等含碳物质产生二氧化碳排放
钢铁加工处理	化石燃料燃烧、含碳添加剂分解、钢铁含碳量变化产生二氧化碳排放,以及用电、用热导致的间接排放
尾气处理	排放主体产生的可燃性气体被收集除回收利用外直接进行燃烧产生二氧化碳排放
自备发电	使用煤、油、气等化石燃料燃烧产生二氧化碳排放

2. 拟定基准年

因为温室气体的排放量绩效经常为相对一个过去的参考年来度量,此参考年即为基准年,所以温室气体排放盘查议定书建议我们建立一个历史性绩效数据,作为排放量来比较,而此绩效数据即为基准年排放量。

基准年可以是历史上任何一个可以获得量化数据的年份或者数年的历史平均值。如果没有特定的基准年,则基准年可选择京都议定书中所选定的1990年作为参考。然而,在许多情形下,因缺乏可靠的历史数据,可采用一个较近的年份作为参考,特别是在遵守法规或排放量交易成为考虑之际,参考年的选择也可以和国家的法令或国际产业联盟的要求相关。

在2009年哥本哈根会议中美国单方面将"基准年"设置为2005年,中国在温室气体排放清单编制中也将2005年设置为"基准年"。《上海市温室气体排放核算与报告技术文件——上海市钢铁行业温室气体排放核算与报告方法》这一文件并没有明确指出在进行钢铁企业二氧化碳的监测、报告和核查中该把哪一年拟定为基准年,所以默认参考中国在温室气体排放清单编制的规定,将2005年定为基准年。

3. 识别排放源

排放源是指向大气中排放温室气体、气溶胶或温室气体前的任何过程或活动,如化石燃料燃烧活动。关键排放源是指无论从绝对的排放量还是排放趋势,或者两者都对温室气体清单有重要影响的排放源。

总体来说钢铁生产过程中温室气体排放主要有两个来源：熔剂高温分解和炼钢降碳过程。熔剂为石灰石、白云石等，其中高温分解会产生二氧化碳的是碳酸镁和碳酸钙组分。熔剂消耗排放二氧化碳的设备有烧结机、平炉、转炉、电炉、高炉及铁合金炉等。炼钢降碳过程排放二氧化碳的源主要是炼钢炉。

具体说来物流结构、能源结构、工序的流程结构、各工序的能耗以及技术特征是影响碳排放量的主要因素。

工序碳排放：钢铁企业碳排放量主要是铁前工序，铁后工序碳排放量相对较少。各工序的碳排放主要来源于煤气的燃烧，而煤气主要在焦化工序和炼铁工序使用，所以这两个工序是主要的排放源，提高各个工序煤气的燃烧效率可以降低企业的碳排放量。

生产流程碳排放：目前各钢铁企业的生产流程相比较而言直接还原海绵铁的碳排放量最大，其次是高炉-转炉，然后是熔融还原炼铁。

物流和能量流：钢铁企业的碳排放流与能源环境是密切相关的，碳排放流表现为物质流也可表现为能量流。从物质流的角度看，钢铁企业中碳素能源的最终形式是二氧化碳排放物，这与周边环境负荷是息息相关的；从能量流的角度看，碳素能源是钢铁企业的主要购入能源，是能量流的主体。

4. 排放量量化与计算

1）基本原理

钢铁行业二氧化碳排放的核算方法主要是应用碳平衡原理，分析钢铁企业碳输入和碳输出的物质及其碳素含量，计算企业的碳排放。其中碳输入包括能源、熔剂、载能介质和废钢；碳输出包括粗钢、副产品、外销能源及外销载能介质。

2）数据取得

一般来说温室气体的量化计算可以分为两个部分，即温室气体活动强度数据收集及汇总和温室气体排放系数收集及汇总。

（1）温室气体活动强度数据收集及汇总。搜集与统计企业内各项活动数据，如各种燃料或原料的使用单据、电费单、商务旅行或货品运输车辆行驶里程数、废水操作测量数据等。在温室气体活动强度数据收集过程中，应尽量查询是否有可重复核对之数据以作为对比。有时某些温室气体的年度活动强度数据可能同时存在于不同的部门，在统计过程中应评估其差异性，并选取较正确的数据作为代表。若不同活动或设施有相同的排放源而又无法分开记录时,则可采用合并记录的方式作为替代方案。

在钢铁企业温室气体排放量的量化与计算中,需要的活动水平数据主要包括直接排放(化石燃料、熔剂、原料消耗量)及间接排放(产品产量数据以及外购的电力、热力活动水平数据)。间接排放可以根据供应商出具的结算凭证获取。而直接排放可以根据年度购买量或销售量以及库存的变化来确定实际消耗或产出的数据,或者使用高精度的标度尺或流量计等各种测量工具对实际消耗或产出进行计量。燃料消耗量原则上应细分到主要生产系统(车间、生产线等)或燃烧设备(窑炉、锅炉等)。

(2)温室气体排放系数收集及汇总。由于排放系数是将每单位燃料使用量换算成产生温室气体排放量的重要依据,因此在量化过程中为十分重要的因子。一般而言,排放系数应使用现场或本地化的数据较为适当,而对于排放系数来源的识别与使用的适当性,即为本阶段的首要工作。

根据上海市出台的《上海市温室气体排放核算与报告技术文件——上海市钢铁行业温室气体排放核算与报告方法》对钢铁行业温室气体排放系数也给出了详细的说明,例如低位热值、含碳量、单位热值含碳量采用附录 A 所列缺省值;具备条件的也可自行或委托有资质的专业机构进行检测或采用与相关方结算凭证中提供的检测值。自行检测时,实施标准和规范须按照国家、行业或地方最新标准对各项内容(如试验室条件、试剂、材料、仪器设备、测定步骤和结果计算等)的规定,并建立完善的管理体系,同时保留检测资料。

3)量化公式

钢铁企业的温室气体排放总量等于直接排放量与间接排放量的总和。其中直接排放包括化石燃料使用排放(例如煤、石油、天然气等化石燃料用于燃烧、炼焦、还原、增碳等生产的排放)以及生产过程的排放(例如石灰石、白云石等溶剂中碳酸盐分解、炼铁炼钢含碳量变化等产生的排放)这两大类,而间接排放则是指外购电力、热力导致的排放。

(1)化石燃料燃烧活动的温室气体排放量

化石燃料的表观消费量计算法,各种化石燃料的表现消费量与各种燃料品种的单位发热量、含碳量,以及消耗各种燃料的主要设备的平均氧化率,并扣除化石燃料非能源用途的固碳量等参数综合计算而得,是基于一次燃料的表观消费状况,对不同燃料类型排放量进行总的估算。

以详细技术为基础的部门方法(自下而上法),基于分部门、分设备、分燃料品种的活动数据水平、各种燃料品种的单位发热量和含碳量,以及消耗各种燃料的氧化率等参数,通过逐层累加综合计算得到总排放量的方法。

由于第二种方法要求了解各部门的主要用能设备类型、所使用的燃料品种、燃料品种的发热量与含碳量、用能设备在使用某种燃料时的氧化率等参数才能对温室气体进行排放量的计算,这一方法比第一种方法复杂,不仅需要通过大量工作获得详细设备类型的活动水平数据,同时也需要通过分析、测试等方式来确定相应设备的排放因子。

因此,在测定钢铁行业温室气体的排放量时我们常采用第一种方法,具体计算公式及参数可参照《上海市温室气体排放核算与报告技术文件——上海市钢铁行业温室气体排放核算与报告方法》。

(2) 生产过程的温室气体排放

炼钢生产过程中排放

生铁排放量＝还原剂质量×还原剂排放因子

$$粗钢排放量＝(炼钢生铁中碳的质量-粗钢中碳的质量)×\frac{44}{12}$$

总排放量＝粗钢排放量＋生铁排放量

熔剂消费造成的排放

根据石灰石和白云石的用量及其中碳元素的含量进行计算。

(3) 间接排放

排放量可以由活动水平数据即外购电力和热力的消耗量和相应的排放因子的乘积得到。

4) 不确定性

在进行温室气体排放量量化与计算的过程中还应该考虑在获取活动水平数据和相关参数时可能因为缺乏对真实排放量数值的了解而造成的不确定性。排放量的描述是以可能数值的范围和可能性为特征的概率密度函数。有很多原因可能导致不确定性,如缺乏完善的活动水平数据、排放因子抽样调查存在着一定的误差范围、采用的模型是真实系统的简化因而不是十分准确等。所以排放主体应对活动水平数据和相关参数的不确定性以及降低不确定性的措施进行说明,并且应识别清单中不确定性的重要来源,以帮助安排收集数据和改进测量努力的优先顺序。

5. 编制温室气体排放清单

根据编制指南,进行具体的碳排放数据收集和计算,再根据这一计算结果进行相关分析,最后编制温室气体排放清单,有利于企业对温室气体排放进行全面掌握和管理、提高企业的社会形象,对于企业确认减排机会及应对气候变化决策起重要参考作用,还可发掘潜在的节能减排项目及 CDM 项目,积极履行社会责任、为参与国内自愿减排交易做准备。

6. 温室气体排放监测报告的核实

温室气体排放监测报告核实制度,是温室气体减排政策体系构建和碳减排制度创新的重要基础和机制保障,是通过系统性的立法确立的温室气体排放申报与许可制度、配额申请与分配制度、温室气体减排额查验与核证制度、温室气体配额登记与管理制度、温室气体配额交易注册及结转制度等管理制度体系。它不仅形成温室气体排放监测管理体制的主体,也为温室气体管理创新的碳减排路线奠定了基础。因此,温室气体排放监测报告核实制度,担负着温室气体排放监管的评价和考核职能,创新和发展碳减排政策工具政策和制度的保障功能,也为自愿性碳市场的排放监管积累了经验。

不同国家对企业数据核实的要求不尽相同,但基本上都要求企业保证数据的正确性,有的国家允许企业对数据进行第三方核实(可选择),如果企业不进行第三方核实,则需对数据的准确性负责。在钢铁企业碳排放的 MRV 中,通常要求独立第三方核实机构对企业的排放数据进行核实,独立第三方核实机构通常要求由监管机构指定或认可。

10.4.4　上海市钢铁行业 MRV 实施指南的不足之处

1. 温室气体的排放仅指二氧化碳的排放

温室气体指大气中吸收和重新放出红外辐射的自然的和人为的气态成分,包括水汽、二氧化碳、甲烷、氧化亚氮等。《京都议定书》中规定了 6 种主要温室气体,分别为二氧化碳(CO_2)、甲烷(CH_4)、氧化亚氮(N_2O)、氢氟碳化物($HFCs$)、全氟化碳($PFCs$)和六氟化硫(SF_6)。上海市钢铁行业中的温室气体指二氧化碳(CO_2),其他温室气体暂不纳入。

我国于 2001—2004 年历时 3 年完成了 1994 年国家温室气体清单的编制工作,1994 年国家温室气体清单中估算的温室气体种类包括二氧化碳、甲烷和氧化亚氮三种。

考虑到全球增温潜势,即某一种给定物质在一定时间积分范围内与二氧化碳相比得到的相对辐射影响值,被用于评价各种温室气体对气候变化影响的相对能力。如 IPCC 第四次评估报告中给出的甲烷 100 年全球增温潜势是 25,氧化亚氮 100 年全球增温潜势为 298,即一吨甲烷相当于 25 吨二氧化碳的增温能力,一吨氧化亚氮相当于 298 吨二氧化氮的增温能力。可见相比二氧化碳,其他温室气体的增温能力要强得多,所以在进行温室气体排放的核算中仅仅考虑二氧化碳而忽略其他气体是不全面的。钢铁冶炼中化石燃料的燃烧活动除了产生二氧化碳外也会产生氧化亚氮,也可能发生甲烷的逃逸排放。

2. 缺乏对碳排放机理的研究

钢铁企业碳排放贯穿在整个钢铁产品的生产过程中,研究碳排放需要对生产过程碳排放的过程机理进行深入研究。目前在钢铁行业运用的 MRV 只提出生产过程中参与碳排放的物质,但对排放的过程和排放的机理未做详细分析。并且因为钢铁企业不够重视碳排放和 MRV 本身的复杂性,加之没有合适的模型对碳排放过程进行数据组织和分析,MRV 对生产的指导性还不够。计算钢铁企业碳排放需要的数据量庞大,如何结合目前钢厂现有的信息系统,是做好钢铁企业 MRV 的重点。

3. 没有考虑钢铁生产过程中废渣废水废气处理时的碳排放

由于上海市规定纳入碳排放试点的 9 个行业中,没有包括废弃物、废水以及废气处理行业,在通常的界定范围内,这些污染治理企业应做自己的碳排放报告,可是在现在的状态下我们只核算了钢铁行业的碳排放,污染治理行业不进行碳核算,所以为了避免遗漏,把这一部分的碳排放算入钢铁企业的排放量会更加准确性。

第 11 章　企业碳信息披露

2013 年是中国碳排放交易市场建设的元年。2013 年 6 月 18 日,深圳市碳排放交易试点机制正式启动交易。自此以后的近一年时间,上海、北京、广东、天津、湖北和重庆也相继正式启动交易,国内的碳排放交易试点工作取得了重要进展。但是,不可否认的是由于碳排放交易机制的建设和完善是一个历时漫长而复杂的系统工程,当前国内的碳试点都还处在起步阶段,碳排放交易市场的发展还受到诸多因素的制约。一个重要的因素在于目前国内有关企业碳信息的披露还少之又少。

所谓企业碳信息披露,是指企业将自身温室气体排放情况、温室气体排放管理措施及企业与气候变化相关的潜在风险和机遇等信息向投资方、公众等利益相关方进行披露,以提高企业的信息透明度。就目前国内 7 省市碳排放交易试点进展来看,有关碳信息披露制度方面的建设还非常欠缺。尽管各试点均要求达到一定排放规模的企业都必须向主管部门提交碳排放报告,但是这一要求的目的主要还是为企业分配排放配额提供参考依据。各试点并没规定企业在参与碳排放交易时要披露自身碳信息。就企业碳信息披露的重要利益相关方而言,通常有政府监管部门、投资者及商业伙伴(包括采购商)、民间团体、媒体等。企业进行碳信息披露,和利益相关方保持沟通的方式有很多,可以将信息发布在企业年报或社会责任报告上,可以召开利益相关方沟通会议,也可以通过专门的碳信息披露项目直接向投资者和消费者进行披露。

企业碳信息披露能够产生良好的收益,具体体现在[1]:首先,改善企业与外部投资者之间信息不对称的情况,使企业获得新的竞争优势。外部投资者通过碳信息披露能更好地了解公司的环境绩效,对公司财务状况的安全性、盈利能力的影响程度,从而对企业面临的气候变化实体风险、监管压力、外部竞争压力等风险因素进行评估,同时还可以监督企业在低碳环境下的价值管理能力。企业对碳信息进行披露,使得投资者的不确定性减少,降低投资者的投资风险,从而增强企业在资本市场的融资能力和竞争优势。其次,提升企业价值和形象。

企业自愿性地披露那些揭示公司价值管理能力的信息,在减轻信息不对称的同时,也减少了利益相关方对企业未来前景不确定性的担忧,展示了企业的内在价值,有利于提升企业形象和市场对企业长期发展前景的认同。最后,实现企业可持续发展。碳信息披露能促使企业通过自身技术改造,提高资源环境利用效率,并得到消费者认可,最终获得更高的经济效益和市场竞争力,实现企业可持续发展。

我国于 20 世纪 90 年代初开展了企业环境信息披露的研究和实践。相较于环境信息披露而言,企业碳信息披露在我国还是一个较新的概念。在现有的环境信息披露中都或多或少地包括了一些企业温室气体排放的信息。但是,随着全球对气候变化的关注,以及国内外碳排放交易机制的发展,各利益相关方对企业碳信息披露也愈来愈重视。这使得碳信息披露开始脱离环境信息披露和一些通用性的社会责任信息披露,逐步发展成为越来越具有专题性的信息披露,从而更有针对性和可操作性,目的性也更加明确。

11.1　国际碳信息披露框架简介

在国际上,碳信息披露可分为强制性披露和自愿性披露。从强制性披露要求来看,英国政府于 2008 年 11 月通过《气候变化法案》,使英国成为第一个为减少温室气体排放、适应气候变化而建立起具有长期法律约束性框架的国家。法案规定了具有法律约束力的全国性温室气体减排目标,并要求政府须至少每五年报告一次英国在气候变化方面面临的风险,公布应对风险的计划书。之后的《公司法(2013 年)》进一步要求伦敦证券交易所的上市公司自 2013 年 9 月起披露温室气体排放数据[2]。此外,美国、澳大利亚也要求大型排放设施向监管部门报告温室气体排放。

自愿性碳信息披露主要由一些非政府组织来推动。国际上现有的一些碳信息披露框架[3]有加拿大特许会计师协会 CICA《气候风险披露指南》(*Building a Better MD&A Climate Change Disclosures*),气候风险披露倡议 CRDI 下的《气候风险披露的全球框架》(*Using The Global Framework for Climate Risk Disclosure*),气候披露标准理事会 CDSB 的《气候变化报告框架》(*Climate Change Reporting Framework*),全球报告倡议组织 GRI《可持续发展报告指南》(*Sustainability Reporting Guidelines*),美国证券交易委员会 SEC《气候变化披露指南》,碳信息披露项目 CDP 等。各披露框架都结合了各自不同的需求和侧重点,建立了包括气候变化战略管理、气候变化风险与机遇、温室气体排放情况等内容在内的披露框架。现在对其中一些披露框架进行简单介绍。

11.1.1 气候风险披露全球框架

气候风险披露倡议(The Climate Risk Disclosure Initiative,CRDI)于 2006年 10 月正式发布气候风险披露全球框架(Using the Global Framework for Climate Risk Disclosure)。此框架主要是从投资者期望的角度来要求企业进行相应的气候风险的披露。框架主要包括以下内容:

1.温室气体排放信息

企业应对气候风险的首要步骤是披露温室气体排放量情况,使投资者能够对企业面临的气候变化管制风险做出合理的估计。框架强烈建议企业评估自身温室气体排放量时,依据世界可持续发展工商协会(WBCSD)和世界资源研究所(WRI)联合发布的《温室气体议定书——企业核算和报告标准》(*Corporate Accounting and Reporting Standard (revised edition) of the Greenhouse Gas Protocol*)。企业需披露自 1990 年以来企业温室气体的直接和间接排放总量,并且预估未来的温室气体直接与间接排放量。

2.气候风险与排放管理战略分析

为了能够使投资者更好地分析企业未来面临的与气候变化有关的风险与机遇,框架建议企业从管理者视角对气候风险进行战略分析,包括:气候变化声明,公司目前关于气候变化的立场;说明公司正在采取使气候风险最小化的行动,如公司采取了哪些措施来减少、抵消或限制温室气体的排放;应对气候变化的公司治理安排,董事会是否直接参与企业与气候变化有关的工作,有无执行层对气候风险具体负责,管理者薪酬是否与企业气候目标相挂钩等。

3.对气候变化有形风险的评估

气候变化对企业经营及其供应链可能会带来重大的、有形的影响,企业应对其适应能力及适应成本进行分析、评价,并做相应披露。投资者鼓励企业去分析和披露气候变化带来的一些物质的、物理的影响,这些影响会牵涉到企业的生产运营甚至是供应链。而且,投资者希望企业可以将这些气候和天气的变化是如何慢慢地对企业的经营和供应链节能型影响和改变的过程阐述清楚。

4. 与温室气体排放管控有关的风险分析

政府对温室气体排放的管制将给企业财务状况和经营成果带来重大的影响。对此,框架特别鼓励企业予以披露。具体来讲包括有可能会给企业财务状况和经营业绩带来重大影响的任何与气候变化有关的已知趋势、事件、承诺和不确定性,如能源交通成本的上升,国内外消费者需求的剧烈转变等;对公司运营具有约束力的所有温室气体排放相关法规及其对公司的潜在影响。

11.1.2　气候变化报告框架

气候变化报告框架是由气候披露标准委员会(CDSB)发布的。该框架旨在为投资者提供全面、一致和可比的信息,为企业提出了更确切的信息披露要求,为监管部门提供一个有力的监管模式。框架中所要披露的内容分为以下 4方面[4]。

1. 气候变化的战略分析

管理层对公司的战略,特别是对经营业绩的驱动因素的见解,以及在战略决策中对气候变化影响的考量程度,为了最大限度地利用与气候变化相关的机遇,减小声誉风险,公司所采取的重要行动。

2. 源自气候变化的监管风险

与气候变化有关的监管风险是企业目前面临的较大的风险,也会影响企业的长期战略决策。对当前和预期管制可能对公司经营带来的法律与财务方面重要影响的分析,是气候变化信息披露的关键内容之一。因此,这一部分应披露的内容包括列举影响公司经营的现有的、与气候变化有关的法规、政策。这些法规以什么方式对公司造成影响,有可能会对公司财务状况和经营业绩带来重大影响的已知趋势;温室气体减排管制对碳成本和企业经营的预期影响;温室气体减排管制如何通过顾客、供应链、国内外市场对公司带来影响等。

3. 来自气候变化的有形风险

对公司面临的当前及潜在的、直接与间接的气候变化有形风险进行总体定性描述,具体包括鉴别、描述公司面临的有形风险,解释如何评估这些风险。将风险按当前的、短期、中期、长期进行归类,并说明所涉及的风险进行分类的时间表。描述公司正在采取或可能实施的、以减轻或适应已鉴别出来的有形风险的具体行动或计划。描述针对气候变化的实际和潜在的有形影响的风险管理措施和内控措施。

4. 温室气体排放信息

投资者需要定量的、高质量的 GHG 排放信息,以鉴别投资对象未来可能面临的风险。企业至少应披露报告期内、组织边界内二氧化碳排放当量,与外购电力、蒸汽等有关的范畴 2 的二氧化碳排放当量。此外,也应该考虑报告期内已采纳的针对和范畴的碳减排或碳抵消行动的披露。

11.1.3　碳信息披露项目

碳信息披露项目(Carbon Disclosure Project,CDP)是一个在英国注册的慈善团体。作为一个独立的非政府组织,于 2000 年由代表着全球管理 570 000 亿美元资产的 385 家机构投资者发起设立,旨在推动企业同投资者之间以高质量的信息披露为基础的对话,从而最终促进企业理性应对气候变化问题。CDP 每年代表机构投资者、采购组织和政府机构对全球发出碳信息披露请求,在碳披露实践领域中占有比较权威的地位。CDP 的成立有两个目的,一是为公司高管提供投资者所关注的气候变化方面的信息,一是为投资者提供由于气候变化给公司带来的风险方面的信息。CDP 披露的框架自实行以来就在不断地改善与变化之中,其框架内容主要有[5]:

战略管理,包括气候变化治理、战略、减排目标与行动、沟通 4 个方面。气候变化治理主要关注企业为应对气候变化所设立的管理机构及其承担的具体责任,以及是否设立实现气候目标的激励机制等。在考察企业应对气候变化的战略上主要从风险管理方法、商业策略和参与政策制定 3 个方面来评估。沟通是指企业除了参与 CDP 外还有没有通过其他的方式途径进行气候变化信息的披露。

风险与机遇,包括风险和机遇两个方面。气候变化风险和气候变化机遇以及企业用以应对的气候变化管理战略和碳减排目标。气候变化风险包括物理变化风险、政策变化风险及其他风险。气候变化机遇是指促使更多企业投资低碳技术的开发和低碳型产品的设计,以获取更大的市场份额。

排放,包括排放核算方法、排放数据、能源、排放绩效、排放交易、范围三排放及计算方法学 6 个方面的内容。其中,能源是指能源消耗类型,是否使用清洁能源等。

11.2 中国企业碳披露项目(2013 年度)[6]

11.2.1 碳试点省市现有碳排放报告制度

尽管当前各试点省市并没有在制度层面对企业碳披露做出明确安排,但是各试点地区均制定了详细的温室气体核算报告指南,同时要求排放量达到一定规模的排放主体定期向主管部门报告自身碳排放情况。

表 11-1 列举了"7 省市"试点企业和报告企业范围,总结了各试点省市对于纳入碳排放交易试点和碳排放报告的企业范围的规定。

表 11-1   "7 省市"试点企业和报告企业范围

试点省市	碳排放交易试点企业范围	碳排放报告企业范围
北京	2009—2012 年年均直接或间接二氧化碳排放总量超过 1 万吨的固定设施排放企业	年能源消耗 2000 吨标煤(含)以上的单位
上海	工业:2010—2012 年中任何一年二氧化碳排放量超过 2 万吨; 非工业:2010—2012 年中任何一年二氧化碳排放量超过 1 万吨	2010—2012 年及试点期间年二氧化碳年排放量超过 1 万吨的企业
天津	2009—2012 年年均排放二氧化碳超过 2 万吨	2009—2012 年年均排放二氧化碳超过 1 万吨
深圳	年碳排放总量 3000 吨二氧化碳以上的企事业单位,2 万平方米以上的大型公共建筑物和 1 万平方米以上的国家机关办公建筑物	年碳排放总量 1000 吨以上的企事业单位
广东	2011 年、2012 年任一年排放 2 万吨二氧化碳(或能源消费量 1 万吨标准煤)及以上的企业	2011 年、2012 年任一年二氧化碳排放超过 1 万吨的工业企业
湖北	2010—2011 年中任一年年综合能源消费量超过 6 万吨标煤的重点工业企业	年综合能源消费量超过 8000 吨标煤的工业企业
重庆	2008—2012 年任一年度碳排放量超过 2 万吨的企业,不包括建筑业和交通业	2008—2012 年任一年度碳排放量超过 2 万吨的企业,不包括建筑业和交通业

从表 11-1 可以看出,一般情况下,纳入碳排放报告的企业碳排放量或是能源消费量门槛较碳排放交易试点企业更低。对于碳排放交易试点企业,除了要按照规定报告自身碳排放情况以外还必须完成配额清缴履约等义务。而对于碳排放报告企业,现阶段只需按照规定报告碳排放情况,不强制要求参与碳排放交易试点,同时为下阶段碳排放交易试点扩容做好相应准备。

从碳排放报告所涵盖的内容来看,各试点省市的要求大致相同。以上海市为例,碳排放报告应包括以下内容:①排放主体的基本信息,如排放主体名称、报告年度、组织机构代码、法定代表人、注册地址、经营地址、通讯地址和联系人等;②排放主体的排放边界;③排放主体与温室气体排放相关的工艺流程(如有);④监测情况说明,包括监测计划的制定与更改情况、实际监测与监测计划的一致性、温室气体排放类型和核算方法选择等;⑤碳排放核算情况,详细说明采用的核算方法,数据来源,有关参数、因子的确定;⑥不确定性说明;⑦其他应说明的情况(如二氧化碳清除等);⑧真实性声明。

总的来看,现阶段各试点省市的企业碳排放报告制度具有以下一些特点。第一,碳排放报告的最根本目的是为企业参与碳排放交易或者分配碳排放配额服务的,因此报告具有强制性,碳排放量或者能源消费量达到规定下限的排放体必须参与。同时,报告的排放信息仅主管部门掌握,并不对外披露。第二,鉴于试点工作还处在起步阶段,数据基础还很薄弱等原因,在报告内容上,各试点地区只要求排放企业报告二氧化碳的排放量,其他几种温室气体排放量暂不包括在内。并且报告的碳排放量仅限于范围一和范围二的排放,不包括范围三的排放[①]。第三,现有的碳排放报告比较重视技术层面的碳排放信息,即企业采用什么样的方法计算或测量其碳排放量情况,最终得出的排放量是多少等信息,而不重视企业与碳排放相关的管理措施和战略制定等信息。

11.2.2 中国企业碳披露项目体系框架

中国企业碳披露项目是由北京绿色金融协会在国家应对气候变化战略研究和国际合作中心指导下,联合北京环境交易所、上海环境能源交易所、深圳排

---

① 范围一排放指直接温室气体排放,即产生自排放企业拥有或控制的排放源,例如企业拥有或控制的锅炉、熔炉、车辆等产生的燃烧排放,拥有或控制的工艺设备进行化工生产所产生的排放;范围二排放指企业所消耗的外购电力产生的温室气体排放。范围三排放指除外购电力外产生的其他间接温室气体排放。

放权交易所、天津排放权交易所共同发起,并邀请碳咨询服务机构和企业社会责任咨询机构作为支持单位加入。该项目旨在通过连续几年的开展,帮助中国企业对潜在的碳排放风险与机遇进行自我评估,从而推动企业提升碳披露意识,加强碳资产管理能力,将减排成本最小化,创造绿色、低碳、可持续的经营绩效。与此同时,帮助中国企业摸索出一套符合政府减排政策要求、适宜企业实际操作的碳披露体系,促进中国企业碳披露标准趋于统一。

中国企业碳披露项目于2013年3月正式启动。同国际上通行的碳披露项目一样,该项目既涵盖了企业的碳排放量情况,也涵盖了企业的碳管理措施和应对气候变化机遇与挑战的发展战略。具体来讲,中国企业碳披露项目的体系框架要求参与企业披露的信息主要有3个方面,碳管理现状、碳排放风险和机遇以及碳排放相关数据与方法。以上3个方面为一级指标,在此基础上再衍生出二级、三级指标(表11-2)。

表11-2　　　　中国企业碳披露项目(2013年度)体系框架[6]

一级指标	二级指标	三级指标
碳管理	战略与管理	碳排放相关战略,部门与责任,绩效与激励
	目标和行动	碳减排目标,具体减排行动和效益
	信息传播	碳排放信息发布方式
风险和机遇	碳排放风险	风险识别及应对办法
	碳排放机遇	机遇识别及具体措施
碳排放	碳核算方法	方法学、排放主体
	碳排放数据	基准年及排放数据,2012年度排放数据及核证状态,数据变化趋势
	能源消费	能源支出,能源消费构成
	碳排放交易	参与碳排放交易情况

碳管理体现的是企业碳管理(碳减排)从战略制定到具体实施的过程,以及企业如何披露自身碳信息,反映了一个企业的碳管理意识和水平。碳排放风险和机遇反映的是在气候变化和碳排放约束日益明显的大背景下,企业对于由碳排放可能导致的经营风险的认知程度和应对能力,以及由碳市场发展、消费者观念转变等可能带来的相应商业发展机会的把握。碳排放相关数据与方法考察企业是否切实了解自身的碳排放情况,包括排放总量、变化趋势、排放来源等。企业是否能较好地管理碳排放数据、相关能源数据等重要信息。企业是否

能较好地理解、实施或参与碳排放的监测、报告、核查(MRV)等。可以看出,3个一级指标中,碳排放相关数据与方法为定量的指标,碳管理现状、碳排放风险和机遇是定性指标。

11.2.3 信息采集和信息公开度

基于以上的体系框架,中国企业碳披露项目发放的问卷中共有 22 个问题。其中,7 个问题是有关碳排放指标的数据类(定量)问题,另外 15 个问题是有关碳管理、风险和机遇的非数据类(定性)问题。

鉴于当前国内碳披露还处在起步阶段,国内企业对于披露自身碳信息还有比较多的顾虑,也面临着信息披露带来的一些不确定性和风险,尤其是对碳排放量、能源消费量等数据类信息的披露会更加敏感。因此,在积极推动国内企业碳披露实践的同时,问卷调查也允许企业自主决定是否公开其问卷所填内容。选择"公开"即表示企业允许碳披露项目将回复的全部问卷信息对外公布,选择"不公开",则表示企业问卷信息仅供碳披露项目内部研究使用。在信息公开度上,今后还可以有更为差别化的设置,比如问卷信息对所有利益相关方(包括公众、媒体)公开,问卷对部分利益相关方(如投资方)公开等。

11.2.4 碳披露项目的样本选择

中国企业碳披露项目是一个公益性质、自愿参加、自主选择信息公开度的项目,具有很好的开放性,面向的是中国境内生产经营活动的所有企业。从这个意义上说,任何一家中国境内企业都可以成为碳披露项目的样本来源。但是,鉴于2013 年是中国碳披露项目实施的第一年,也是国内碳排放交易市场起步的第一年,对于绝大多数国内企业尤其是中小企业而言,对于碳排放交易、碳披露的概念知之甚少。为了使碳披露项目取得更好的反馈,2013 年度项目问卷发放及样本选取主要侧重以下三个范围:①首批碳排放权交易试点省市的排放企业和报告企业;②在沪深证券交易所挂牌的上市公司;③理念先进的大型企业。

基于以上原则,截至 2013 年 9 月,中国碳信息披露项目共向约 450 家企业发放了调查问卷和企业碳信息披露邀请。从这些企业的区域分布来看,既有来自于碳排放交易试点地区的北京、上海、深圳、天津、广东和湖北,也有来自于非试点地区的四川、陕西、湖南和江苏。在受邀填写问卷的 450 多家企业中,有不到一半的企业(约

210家)对中国碳信息披露项目的披露邀请做出了回应。但是最终,仅有20家企业填写并提交了问卷(图11-1)。这20家企业区域分布情况见表11-3。

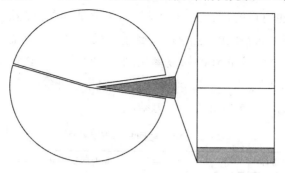

图11-1　450家企业对碳披露项目问卷回复情况

表11-3　　　　　　　　　　　　20家填写问卷企业区域分布情况[6]

区域	省市	企业数量
碳排放交易试点区域	北京	5
	深圳	6
	上海	2
	湖北	2
非碳排放交易试点区域	四川	2
	陕西	1
	湖南	1
	江苏	1

从这20家回复问卷企业的行业分布来看,11家企业属于制造业,超过半数,房地产、通信和酒店业各有2家,电力、金融和交通运输业各1家。

从信息公开程度看,20家回复问卷企业中仅有1家(深圳中南海滨大酒店有限公司)选择愿意公开其问卷回复,剩余的19家企业均选择不公开其回复内容。

11.2.5　20家企业对碳披露问卷的回复情况

在接收到碳披露问卷的约450家企业中,只有20家企业最终回复了问卷。这20家企业无疑是国内企业在低碳实践方面的先行者。但是,从这仅有的20

家企业对问卷的回复情况来看,也并非是所有企业对问卷的所有问题都予以了完整回答。这可能是由于部分企业对问卷涉及的某些内容并不了解,缺乏可提供的相关信息,也有可能是企业出于对披露部分敏感信息的顾虑,选择不予公布。这也表明碳披露在国内的推行、发展还有很长的一段路需要走。从问卷总体回复率来看,有 11 家企业的回复率达到了 100%,5 家企业的回复率超过了 90%,其余企业的问卷回复率在 90% 以下,回复率最低的为 55%。

表 11-4 对问卷回复情况进行了总结。

表 11-4 **20 家企业问卷回复情况总结**[6]

一级指标	二级指标	企业回复情况
碳管理	战略与管理	有 15 家企业在未来发展战略中对如何应对气候变化和碳排放做了规划;18 家企业的高管层中有专人负责公司的碳排放管理;19 家企业内部有明确的部门牵头碳排放管理事务
	目标和行动	6 家企业制定了碳减排目标,其中 2 家企业分别设定了绝对减排量和相对减排量的目标
	信息传播	5 家企业为首次对外发布应对气候变化和碳排放的相关信息,其余 15 家企业在填写此次中国企业碳披露项目问卷之前,还通过至少一种方式发布过此类信息
风险和机遇	碳排放风险	3 家企业没有对碳排放风险问题予以识别,剩余 17 家企业均识别了一种以上风险;有 6 家企业识别了 4 种以上风险
	碳排放机遇	2 家企业没有对碳排放机遇相关问题做答,另外 18 家企业均识别出至少 1 种可能的碳排放机遇
碳排放	碳核算方法	9 家企业采用了本地政府主管部门发布的碳排放核算指南,3 家企业采用了目前全球较为通用的温室气体核算体系(GHG Protocol)和 ISO 14064 系列标准
	碳排放数据	12 家企业提供了 2012 年绝对排放量数据,其中有 3 家企业还报告了相对排放量的数据
	能源消费	15 家企业提供了 2012 年能源消费构成情况,有 10 家企业提供了能源消费支出占全部运营费用的比重
	碳排放交易	有 10 家企业从未参与过任何碳排放交易机制;2 家企业参与过 CDM(清洁发展机制)项目;有 9 家来自碳试点省市的企业表示有意愿参与碳排放交易,有 1 家试点企业参与过自愿减排交易(VER)

11.2.6　企业碳披露面临的问题

2013 年度中国企业碳信息披露项目是国内相关机构开展碳披露实践的首次尝试。项目取得了积极的成果,但是也充分暴露了国内企业碳披露所面临的困境。项目调研的范围涉及了碳排放交易试点企业与非试点企业,既有国有企业,也有民营企业、合资企业。绝大部分企业的碳管理、碳披露意识都非常薄弱。大部分企业都表示愿意了解什么是碳披露,怎么做碳披露,但是进行实践,自愿填写和回复问卷的少之又少。只有较少的企业在碳排放信息核算和披露方面开始尝试与国际接轨,评估企业活动对环境造成的影响。

概括来讲,国内企业在碳排放核算和信息披露方面还存在的主要问题包括[7]:

一是缺乏碳信息披露的动力。企业目前越来越重视环境变化对自身生产的影响,也开始重视通过节能减排和清洁生产来应对环境变化所带来的风险。但是,企业都感觉无从下手,一方面缺少国家政策的支持,另一方面自身采取行动的动力不足。

二是信息保密问题。企业在碳排放信息披露方面都比较谨慎,考虑社会影响和国家监管等问题都不愿意披露温室气体排放的情况。

三是缺乏统一披露规则与标准。目前国内对碳排放的核算和报告没有统一的规范和要求,企业对碳信息披露没有依据的标准,也没有相关机构对信息披露工作进行指导。

四是缺乏碳数据审计。企业对碳排放信息的披露比较随意,很多已经提供的数据的准确性尚待讨论,国内也没有独立的第三方机构对公司披露数据进行审计。

碳排放信息反映的是企业在经济、环境与社会三方面的活动,涉及多个利益相关方,推动和普及碳披露对于实现低碳发展有着非常重要的意义。在现有背景下,应考虑从建立碳披露制度、普及碳管理理念方法、提升企业低碳发展能力、强化社会舆论监督等方面,多方合力,稳步推进。

本章参考文献

[1]　王宁宁.低碳时代企业碳信息披露的探讨[J].商业会计,2012,(2):055.

[2] 王雨桐,王瑞华.国际碳信息披露发展评述[J].贵州社会科学, 2014,(5).

[3] 陈茜.企业碳信息披露质量综合评价模型研究及应用—以高污染行业上市公司为例[D].南京:南京理工大学,2014.

[4] 张宸.我国上市公司碳信息披露问题研究[D].兰州:兰州理工大学,2011.

[5] CDP, TUV NORD. Are enterprises ready for carbon trading? CDP 2013 China Report [R]. 2013.

[6] 北京绿色金融协会.中国企业碳披露 2013 报告[R]. 2013.

[7] 上海证券交易所金融创新实验室. 2014.沪市上市公司碳效率分析与产品开发研究[EB/OL]. http://www.cneeex.com/detail.jsp? main_artid=6752&main_colid=265&top_id=0.

附　录

附录1　上海市碳排放交易试点工作重要政策文件汇编(截至2014年4月)

一、主要规章、制度

1. 上海市人民政府关于本市开展碳排放交易试点工作的实施意见(沪府发〔2012〕64号)

2. 上海市碳排放管理试行办法(上海市人民政府令第10号)

3. 上海市2013—2015年碳排放配额分配和管理方案(沪发改环资〔2013〕168号)

4. 上海环境能源交易所碳排放交易规则(沪环境交〔2013〕13号)

5. 上海市碳排放配额登记管理暂行规定(沪发改环资〔2013〕170号)

6. 上海环境能源交易所碳排放交易会员管理办法(试行)(沪环境交〔2013〕14号)

7. 上海环境能源交易所碳排放交易结算细则(试行)(沪环境交〔2013〕15号)

8. 上海环境能源交易所碳排放交易信息管理办法(试行)(沪环境交〔2013〕16号)

9. 上海环境能源交易所碳排放交易风险控制管理办法(试行)(沪环境交〔2013〕17号)

10. 上海环境能源交易所碳排放交易违规违约处理办法(试行)(沪环境交〔2013〕18号)

11. 上海市碳排放核查工作规则(试行)(沪发改环资〔2014〕35号)

12. 上海市碳排放核查第三方机构管理暂行办法(沪发改环资〔2014〕5号)

二、温室气体排放核算与报告指南及行业方法

1. 上海市温室气体排放核算与报告指南(试行)(沪发改环资〔2012〕180号)

2. 上海市电力、热力生产业温室气体排放核算与报告方法(试行)(沪发改环资〔2012〕181号)

3. 上海市钢铁行业温室气体排放核算与报告方法(试行)(沪发改环资〔2012〕182号)

4. 上海市化工行业温室气体排放核算与报告方法(试行)(沪发改环资〔2012〕183号)

5. 上海市有色金属行业温室气体排放核算与报告方法(试行)(沪发改环资〔2012〕184号)

6. 上海市纺织、造纸行业温室气体排放核算与报告方法(试行)(沪发改环资〔2012〕185号)

7. 上海市非金属矿物制品业温室气体排放核算与报告方法(试行)(沪发改环资〔2012〕

186 号）

8. 上海市航空运输业温室气体排放核算与报告方法（试行）（沪发改环资〔2012〕187 号）

9. 上海市旅游饭店、商场、房地产业及金融业办公建筑温室气体排放核算与报告方法（试行）（沪发改环资〔2012〕188 号）

10. 上海市运输站点行业温室气体排放核算与报告方法（试行）（沪发改环资〔2012〕189 号）

附录2 上海市首批碳排放核查第三方机构备案名单

1. 上海市信息中心
2. 中国质量认证中心
3. 中环联合（北京）认证中心有限公司
4. 上海市节能减排中心
5. 上海同际碳资产咨询服务有限公司
6. 上海市环境科学研究院
7. 上海市建筑科学研究院
8. 上海市能效中心
9. 上海泰豪智能节能技术有限公司
10. 上海同标质量检测技术有限公司

附录 3　上海市碳排放交易试点 2013 年度企业碳排放报告核查工作各核查机构负责行业及对应试点企业名单

一、中国质量认证中心

*核查行业:*建材行业

核查试点企业名单:

1. 上海万安华新水泥有限公司

2. 上海宝山南方水泥有限公司

3. 上海海螺水泥有限责任公司

4. 上海金山南方水泥有限公司

5. 欧文斯(上海)玻璃容器有限公司

6. 福耀集团(上海)汽车玻璃有限公司

7. 圣戈班韩格拉斯世固锐特玻璃(上海)有限公司

8. 上海耀皮康桥汽车玻璃有限公司

9. 上海耀皮工程玻璃有限公司

10. 上海塞维斯玻璃有限公司

11. 上海博舍工业有限公司

12. 上海福莱特玻璃有限公司

13. 上海高雅玻璃有限公司

14. 上海宏和电子材料有限公司

15. 上海天玮玻纤有限公司

16. 上海浙东铝业有限公司

17. 博罗石膏系统(上海)有限公司

18. 博罗石膏建材(上海)有限公司

19. 上海阿姆斯壮建筑制品有限公司

20. 上海汤始建华管桩有限公司

21. 上海建华管桩有限公司

22. 上海新型建材岩棉有限公司

23. 上海市建筑构件制品有限公司

24. 圣戈班石膏建材(上海)有限公司

25. 上海长谷陶瓷有限公司

26. 上海伊通有限公司

27. 金兴陶瓷(上海)有限公司

28. 上海城建物资有限公司

二、中环联合(北京)认证中心有限公司

核查行业:化工行业

核查试点企业名单:

1. 中国石油化工股份有限公司上海高桥分公司

2. 上海焦化有限公司

3. 上海高桥爱思开溶剂有限公司

4. 中国石化集团资产经营管理有限公司上海高桥分公司

5. 上海吴泾化工有限公司

6. 上海华谊丙烯酸有限公司

7. 上海高桥-巴斯夫分散体有限公司

8. 上海三爱富新材料股份有限公司

9. 富林特化学品(中国)有限公司

10. 巴斯夫应用化工有限公司

11. 普莱克斯(上海)半导体气体有限公司

12. 上海金海雅宝精细化工有限公司

13. 上海大阳日酸气体有限公司

14. 巴斯夫高桥特性化学品(上海)有限公司

15. 上海焦化化工发展商社

三、上海市节能减排中心

核查行业:电力行业

核查试点企业名单:

1. 上海上电漕泾发电有限公司(漕泾电厂)

2. 上海漕泾热电有限责任公司(漕泾热电厂)

3. 上海外高桥发电有限责任公司(外高桥一厂)

4. 上海吴泾发电有限责任公司(吴泾电厂)

5. 上海电力股份有限公司吴泾热电厂

6. 华能国际电力股份有限公司上海石洞口第一电厂

7. 华能国际电力股份有限公司上海石洞口第二电厂

8. 华能上海燃机发电有限责任公司(华能燃机电厂)

9. 上海外高桥第二发电有限责任公司(外高桥二厂)

10. 上海外高桥第三发电有限责任公司(外高桥三厂)

11. 上海吴泾第二发电有限责任公司(吴泾二电厂)

12. 上海申能临港燃机发电有限公司

13. 华能上海石洞口发电有限责任公司

四、上海同际碳资产咨询服务有限公司

核查行业:钢铁行业

核查试点企业名单:

1. 宝山钢铁股份有限公司

2. 宝钢不锈钢有限公司

3. 宝钢特钢有限公司

4. 宝钢新日铁汽车板有限公司

5. 上海克虏伯不锈钢有限公司

6. 亚泰特钢集团有限公司

7. 上海实达精密不锈钢有限公司

8. 上海白鹤华新丽华特殊钢制品有限公司

9. 上海宝钢化工有限公司

10. 上海五钢气体有限责任公司

11. 上海威钢能源有限公司

12. 上海宝田新型建材有限公司

五、上海市环境科学研究院

核查行业:化工行业

核查试点企业名单:

1. 中国石化上海石油化工股份有限公司

2. 上海赛科石油化工有限责任公司

3. 上海氯碱化工股份有限公司

4. 上海化学工业区工业气体有限公司

5. 上海卡博特化工有限公司

6. 拜耳材料科技(中国)有限公司

7. 巴斯夫化工有限公司

8. 上海巴斯夫聚氨酯有限公司

9. 上海石化比欧西气体有限责任公司

214

10. 赢创特种化学(上海)有限公司

11. 上海联恒异氰酸酯有限公司

12. 上海华林工业气体有限公司

13. 璐彩特国际(中国)化工有限公司

14. 上海金菲石油化工有限公司

15. 上海亨斯迈聚氨酯有限公司

六、上海市建筑科学研究院

核查行业:建筑行业

核查试点企业名单:

1. 上海浦东新区香格里拉酒店有限公司

2. 上海华亭宾馆有限公司

3. 上海锦江饭店有限公司

4. 上海东锦江大酒店有限公司

5. 上海国际贵都大饭店有限公司

6. 静安希尔顿饭店(上海)

7. 上海锦江国际酒店(集团)股份有限公司新锦江大酒店

8. 上海新世界丽笙大酒店有限公司

9. 花园饭店(上海)

10. 上海由由国际广场有限公司喜来登由酒店

11. 上海长峰酒店管理有限公司龙之梦大酒店

12. 上海明天广场有限公司

13. 上海斯格威大酒店有限公司

14. 上海光大会展中心有限公司

15. 上海上实南洋大酒店有限公司上海四季酒店

16. 上海第一八佰伴有限公司(第一八佰伴)

17. 上海新世界股份有限公司(新世界城)

18. 上海太平洋百货有限公司(太平洋百货(徐家汇))

19. 上海久光百货有限公司(久百城市广场)

20. 上海百联百货经营有限公司上海市第一百货商店(第一百货商店)

21. 上海文峰千家惠购物中心有限公司(文峰购物广场)

22. 上海龙之梦购物中心管理有限公司(龙之梦购物中心(中山公园))

23. 上海金光外滩置地有限公司(金光外滩中心)

24. 上海华庆房地产开发有限公司（来福士广场）

25. 上海港汇房地产开发有限公司（港汇恒隆广场）

26. 上海恒邦房地产开发有限公司（恒隆广场）

27. 上海中信泰富广场有限公司（中信泰富广场）

28. 上海梅龙镇广场有限公司（梅龙镇广场）

29. 上海百联西郊购物中心有限公司（百联西郊购物中心）

30. 上海又一城购物中心有限公司（百联又一城购物中心）

31. 中国建设银行股份有限公司上海市分行（世界金融大厦）

32. 中国工商银行股份有限公司上海市分行（世纪金融大厦）

33. 交通银行股份有限公司上海分行（交银大楼）

34. 交通银行股份有限公司（锦明大厦）

35. 中国银行股份有限公司上海市分公司（中国银行大楼、嘉定支行大厦）

36. 上海浦东发展银行（中山东一路12号大楼）

37. 上海银行股份有限公司（福仕达大厦）

38. 上海期货交易所（期货大厦）

39. 中国银联股份有限公司（银联大厦）

七、上海市能效中心

核查行业：橡胶、化学纤维以化工行业

核查试点企业名单：

1. 远纺工业（上海）有限公司

2. 亚东石化（上海）有限公司

3. 上海蓝星聚甲醛有限公司

4. 上海恒逸聚酯纤维有限公司

5. 上海中石化三井化工有限公司

6. 上海庄臣有限公司

7. 上海阿科玛双氧水有限公司

8. 盛品精密气体（上海）有限公司

9. 上海澎博钛白粉有限公司

10. 上海金发科技发展有限公司

11. 上海涂料有限公司

12. 上海元邦化工制造有限公司

13. 先尼科化工（上海）有限公司

14. 双钱集团股份有限公司

15. 双钱集团上海东海轮胎有限公司

16. 上海米其林轮胎有限公司

17. 上海温龙化纤有限公司

18. 英威达合成纤维（上海）有限公司

19. 英威达纤维（上海）有限公司

20. 英威达特种纤维（上海）有限公司

21. 英威达纤维有限公司

22. 上海联吉合纤有限公司

八、上海泰豪智能节能技术有限公司

核查行业：有色金属、纺织和造纸行业

核查试点企业：

1. 上海东海有色合金厂

2. 格朗吉斯铝业（上海）有限公司

3. 中铝上海铜业有限公司

4. 上海新格有色金属有限公司

5. 上海鑫冶铜业有限公司

6. 上海大昌铜业有限公司

7. 上海龙阳精密复合铜管有限公司

8. 上海海亮铜业有限公司

9. 五星铜业（上海）有限公司

10. 上海海立铸造有限公司

11. 上海南汇立达铸造有限公司

12. 上海神火铝箔有限公司

13. 上海沪鑫铝箔有限公司

14. 上海精元重工机械有限公司

15. 上海华新合金有限公司

16. 上海日光铜业有限公司

17. 上海殷泰纸业有限公司

18. 上海中隆纸业有限公司

19. 尤妮佳生活用品（中国）有限公司

20. 金奉源纸业（上海）有限公司

21. 上海东冠纸业有限公司

22. 上海金佰利纸业有限公司

23. 上海嘉麟杰纺织品股份有限公司

24. 上海王港华纶印染有限公司

25. 宏远发展(上海)有限公司

26. 上海内野有限公司

27. 上海针织九厂

28. 上海嘉乐股份有限公司

29. 上海题桥纺织染纱有限公司

九、上海同标质量检测技术有限公司

核查行业:交通行业

核查试点企业名单:

1. 中国东方航空股份有限公司

2. 中国货运航空有限公司

3. 上海航空有限公司

4. 上海吉祥航空股份有限公司

5. 春秋航空股份有限公司

6. 扬子江快运航空有限公司

7. 上海国际港务(集团)股份有限公司

8. 上海冠东国际集装箱码头有限公司

9. 上海沪东集装箱码头有限公司

10. 上海盛东国际集装箱码头有限公司

11. 上海明东集装箱码头有限公司

12. 上海罗泾矿石码头有限公司

13. 上海浦东国际集装箱码头有限公司

14. 上港集团物流有限公司

15. 上海孚宝港务有限公司

16. 上海铁路局(铁路上海南站)

17. 上海机场(集团)有限公司(虹桥国际机场)

18. 上海国际机场股份有限公司(浦东国际机场)